中国中部煤田地质研究系列专著
NSFC-山西煤基低碳联合基金（U1910205）资助
国家自然科学基金（42102216）资助
国家重点基础研究发展计划"973"项目（2014CB238901）资助

沁水盆地南部煤储层生物甲烷与微生物群落研究

Study on Biomethane and Microbial Community in Coal Reservoir of the Southern Qinshui Basin

李　洋　唐书恒　陈　萍
张平松　刘文中　胡宝林　著

中国地质大学出版社
CHINA UNIVERSITY OF GEOSCIENCES PRESS

图书在版编目(CIP)数据

沁水盆地南部煤储层生物甲烷与微生物群落研究/李洋等著. —武汉:中国地质大学出版社,2022.3
(中国中部煤田地质研究系列专著)
ISBN 978-7-5625-5108-9

Ⅰ.①沁…
Ⅱ.①李…
Ⅲ.①煤层-储集层-地下气化煤气-研究 ②煤层-储集层-微生物群落-研究
Ⅳ.①P618.11

中国版本图书馆CIP数据核字(2022)第031601号

沁水盆地南部煤储层生物甲烷与微生物群落研究	李 洋　唐书恒　陈 萍　　著
	张平松　刘文中　胡宝林

责任编辑:李应争	选题策划:张 琰　李应争	责任校对:何澍语

出版发行:中国地质大学出版社(武汉市洪山区鲁磨路388号)	邮政编码:430074
电　　话:(027)67883511　　传　　真:(027)67883580	E-mail:cbb@cug.edu.cn
经　　销:全国新华书店	http://cugp.cug.edu.cn

开本:787毫米×1092毫米 1/16	字数:205千字	印张:8
版次:2022年4月第1版	印次:2022年4月第1次印刷	
印刷:武汉睿智印务有限公司		
ISBN 978-7-5625-5108-9		定价:58.00元

如有印装质量问题请与印刷厂联系调换

前　言

煤层气是一种重要的非常规天然气资源,在满足全球能源需求方面发挥着越来越重要的作用。与传统的化石燃料相比,煤层气的使用可以显著降低二氧化碳、一氧化碳和氮氧化物的排放。煤层气储层水地球化学与其中生物代谢活动对于煤层气储层环境的指示意义不可小觑。中国沁水盆地的煤层气资源商业开发已久,本书以沁水盆地南部柿庄南区块3号煤储层水为研究对象,基于系统采集该区煤储层水、煤层气样,并对它们进行地球化学测试与生物测序工作,以此评价煤层气储层中水岩作用和生物地球化学进程,研究产甲烷菌等微生物的代谢特征,建立储层环境与生物作用的响应关系。

根据沁水盆地南部柿庄南区块3号煤储层水化学数据分析表明,该储层水的地球化学特征受水岩作用与生物活动控制。硫酸盐还原菌以硫酸盐还原作用消耗溶解甲烷和有机质,其丰度受煤储层水氧化还原环境及硫酸盐浓度的影响而表现出明显差异。根据柿庄南区块煤储层水生物测序结果和同位素参数,认识到研究区煤储层水环境中微生物的多样性以及不同优势种群微生物的协同作用。产甲烷菌生成甲烷作用在研究区普遍存在,并且区内同时存在二氧化碳还原型和醋酸发酵型两种产甲烷生物类型,两种生物甲烷生成方式在区内由东向西呈规律性分布。笔者运用几种典型地球化学参数评价了相应煤储层氧化还原环境与产气量的联系,发现储层水中较高的钠离子、碳酸氢根离子和氚漂移在一定条件下可以对应较好的产气量。无机碳同位素可用于辨别氧化还原条件,适当的还原条件适合产甲烷菌代谢与煤层气的产出。硫酸根离子和硝酸根离子浓度受到不同细菌的影响也对应于不同的氧化还原条件,可以被当做识别环境条件和产气量的有效参数。无机碳同位素和硫酸根离子的耦合关系还可用于预测潜在有利产气区。因此,根据研究区内主要生物地球化学参数研究产甲烷菌、硫酸盐还原菌和硝酸盐还原菌的代谢活动,以此划分煤储层封闭性程度与氧化还原梯度,可以与煤层气井的产能建立联系并预测区内产气潜力区。

本书由NSFC-山西煤基低碳联合基金（U1910205）、国家自然科学基金（42102216）和国家重点基础研究发展计划"973"项目（2014CB238901）资助。

本书内容分为绪论、沁水盆地及柿庄南区块地质概况、柿庄南煤储层水微生物测序与分析、柿庄南煤储层水地球化学与硫酸盐剖面、柿庄南生物甲烷生成途径原位分析、柿庄南煤储层水的生物地球化学和相关氧化还原梯度对煤层气生产的指示意义、煤的生物气化增产措施研究进展七个部分。全书由李洋博士、唐书恒教授、陈萍教授、张平松教授、刘文中教授、胡宝林教授主持撰稿,各章节撰写分工为:前言由李洋博士完成;第一章和第二章由李洋博士、唐书恒教授完成;第三章和第四章由李洋博士、陈萍教授完成;第五章由李洋博士、张平松教授完成;第六章由李洋博士、刘文中教授完成;第七章由李洋博士、胡宝林教授完成。全书稿件由李洋博士审校,插图由唐书恒教授审校。本书所涉及的样品采集与测试工作由李洋博士牵头组织完成,李洋博士撰写10万字。

本书在撰写过程中,参考并引用了大量学术专著、科技论文、科研报告及网络文献等。感谢中联煤层气有限责任公司提供的相关生产数据支持,中国地质大学(北京)能源学院汤达祯教授、刘大锰教授、黄文辉教授、姚艳斌教授、许浩教授、陶树教授、蔡益栋教授、张松航副教授、李松副教授,安徽理工大学地球与环境学院刘启蒙教授、吴荣新教授、赵志根教授、张世文教授、鲁海峰教授、刘会虎教授、徐宏杰教授、陈健副教授在本书写作思路上提供了建设性意见。在此,谨向上述单位、个人表示诚挚的谢意!

本书涉及的内容较多、范围较广,由于著者水平有限,难免存在遗漏和不妥之处,恳请读者批评指正。

著者谨识

2021 年

目 录

1 绪 论 …………………………………………………………………………… (1)
　1.1 研究意义 ………………………………………………………………… (1)
　1.2 研究现状 ………………………………………………………………… (1)
　1.3 研究内容与方案 ………………………………………………………… (8)

2 沁水盆地及柿庄南区块地质概况 …………………………………………… (10)
　2.1 地质构造特征 …………………………………………………………… (10)
　2.2 含煤地层沉积与赋存特征 ……………………………………………… (13)
　2.3 水文地质与地下水条件 ………………………………………………… (16)
　2.4 柿庄南区块煤储层物性与含气性 ……………………………………… (19)

3 柿庄南煤储层水微生物测序与分析 ………………………………………… (21)
　3.1 16S rRNA 测序流程 …………………………………………………… (21)
　3.2 数据处理 ………………………………………………………………… (22)
　3.3 OTU 聚类及多样性分析 ……………………………………………… (23)
　3.4 微生物群落与环境因素的相关性分析 ………………………………… (26)
　3.5 研究区微生物群落功能预测网络 ……………………………………… (29)

4 柿庄南煤储层水地球化学与硫酸盐剖面 …………………………………… (33)
　4.1 柿庄南煤储层水地球化学特征 ………………………………………… (33)
　4.2 沉积物水界面硫酸盐剖面形成机理 …………………………………… (38)
　4.3 柿庄南煤层水硫酸盐剖面 ……………………………………………… (41)

  4.4 柿庄南煤储层中自生碳酸盐矿物的形成 ……………………………………… (45)

5 柿庄南生物甲烷生成途径原位分析 ……………………………………………… (47)

  5.1 生物成因煤层甲烷生成方式及其判别依据 …………………………………… (47)
  5.2 柿庄南生物成因甲烷生成方式 ………………………………………………… (52)
  5.3 柿庄南煤储层水产甲烷菌的鉴别 ……………………………………………… (55)
  5.4 柿庄南煤层产甲烷方式影响因素 ……………………………………………… (59)

6 柿庄南煤储层水的生物地球化学和相关氧化还原梯度对煤层气生产的

  指示意义 …………………………………………………………………………… (63)

  6.1 主要离子含量和煤层气产能的关系 …………………………………………… (63)
  6.2 氢氧同位素特征及其与煤层气产能的响应 …………………………………… (67)
  6.3 溶解无机碳同位素在煤层气勘探中的应用 …………………………………… (70)
  6.4 微生物活动的氧化还原参数特征在煤层气勘探中的应用 …………………… (72)

7 煤的生物气化增产措施研究进展 ………………………………………………… (75)

  7.1 煤的生物气化过程中微生物的多样性与煤的理化性质 ……………………… (76)
  7.2 煤的生物气化的影响因素 ……………………………………………………… (83)
  7.3 煤的生物气化增产措施 ………………………………………………………… (89)
  7.4 煤生物气化的研究不足与改进方向 …………………………………………… (96)

主要参考文献 ……………………………………………………………………………… (99)

1 绪 论

1.1 研究意义

对于中国首个煤层气商业开发有利区沁水盆地20世纪90年代便开展了国内非常规煤层气资源的勘探与开发工作。煤层气主采层3号煤层为高阶无烟煤,但对沁水盆地南部柿庄南区块的煤层气井产出水的16S rRNA微生物测序结果表明,该储层水环境同样存在有机质降解细菌和产甲烷古菌等多种将煤的复杂大分子分解并转化为生物甲烷的微生物群落。柿庄南区块地下水文地质条件并不复杂,地下水由浅到深形成补给、径流和排泄几种水流情况。垂直含水层间一般没有水力联系,除非陷落柱等使相互独立的含水层沟通。柿庄南区块地下水系统延伸较深,外界水力环境对其影响较弱,使得地下水流单向缓慢流动。柿庄南区块整体地质构造上可看作西向单斜构造,东南侧晋获断裂出露在盆地边缘,地势较高,接受大气降水并向西径流补给煤层,西北侧发育延伸较大的寺头断层,对地下水形成良好的封堵作用。所以,沁水盆地南部柿庄南区块为研究煤储层次生生物甲烷形成机理及其相关微生物群落的理想区域。

本书从煤层气共生水地球化学、煤层气储层水环境及微生物多样性等方面入手,对该区3号煤储层水地球化学指标、同位素组成、生物群落分布开展了研究,探讨了储层地球化学场、生物种群分布和生物甲烷形成途径等,并探究了生物地球化学参数与煤层气储层氧化还原环境的对应关系。此项工作对于促进我国次生生物成因甲烷勘探开发和煤储层微生物多样性研究有重要意义。

1.2 研究现状

1.2.1 煤储层生物成因气研究概况

在过去十年间,非常规煤层气能源已经成为满足全球能源日益增长需求的重要资源之一。预计21世纪40—50年代,天然气消费需求量仍然会以每年1.5%的速度持续攀升,是所有化石燃料资源中增长最快的(Robbins et al.，2016)。作为三大非常规天然气之一，煤层气通常被认为是一种过渡燃料，它跨越了传统化石燃料和可再生能源之间的鸿沟。与煤相比，煤层气的利用减少了80%的一氧化碳、氮氧化物和50%的二氧化碳排放，它的燃烧更为清洁，对环境和人类健康的影响更小(Vick et al.，2018；Zhang et al.，2018)。全球煤层气资源总量约占天然气总储量的5.45%，因此它是世界天然气资源的重要组成(Yang et al.，2018)。天然气的产生涉及非生物和生物两个方面，世界上大约20%的天然气是通过微生物作用产生的(Colosimo et al.，2018；Rice et al.，1981)。同样，依据有机成因可将煤层气划分为热成因气和生物成因气，生物成因气又可划分为原生生物成因气与次生生物成因气(Faiz et al.，2006；Scott et al.，1994；Scott，2002；Song et al.，2012)。原生生物成因气由热成熟度低的煤岩经过成岩演变而来，多已散失(Colosimo et al.，2018；Jones et al.，2008)；而次生生物成因煤层气埋深相对较浅，可以产生于任何一种煤阶的煤层中(Bao et al.，2016)。次生生物成因气约占煤层气总量的5%~11%，生物成因和热成因混合煤层气比例超过10%(Bao et al.，2019；Milkov et al.，2011)。

次生生物成因气在许多80℃以下的浅层低阶煤层中被发现，如加拿大Elk Valley煤田、澳大利亚Sydney盆地和Bowen盆地、中国安徽省淮南和淮北地区(Aravena et al.，2003；Kotarba，2001；Smith et al.，1996；Tao et al.，2005；Tong et al.，2013)。但最近的大多数研究表明，原位煤中含有能将煤气化成甲烷的微生物，这一结果在全球已经被普遍报道，如美国Powder River盆地、Illinois盆地，加拿大西部Alberta煤层、San Juan盆地，以及中国沁水盆地(Bi et al.，2017；Flores et al.，2008；Green et al.，2008；Healy et al.，2011；Penner et al.，2010；Scott et al.，1994；Strapoc et al.，2008)。

1.2.2 国内外煤储层相关微生物群落研究现状

煤可以被微生物代谢这一事实在20世纪初就已经被认识到(Potter，1908)，但煤中的微生物群落在几十年后才被报道(Rogoff，1962)。煤经过好氧细菌和真菌的生物降解以及煤中古菌在厌氧环境产出甲烷直到20世纪80年代才被普遍认可(Cohen et al.，1982；Rightmire，1984；Zhang et al.，2018)。自20世纪90年代初以来，许多学者提出，浅部煤层中天然气的产生是大气降水补给并刺激煤中的产甲烷微生物群落活动的结果(Rice，1993)。这一假设得到了甲烷稳定同位素组成的支持(Golding et al.，2013；Raudsepp et al.，2016；Whiticar，1999)。

并非只有在过去地质历史时期产生并保存下来的生物成因气才具有开发价值，代谢活跃的产甲烷活动在一些煤盆地仍然在继续进行(Bao et al.，2019；Cokar et al.，2013；Kirk et al.，2012；Ritter et al.，2015)。次生生物成因气生成之后，通过孔隙或裂隙上升，直到遇到合适圈闭(如不透水岩层)，即可形成有效气藏(Colosimo et al.，2016)。

以交联聚合物形成的空间网状结构的煤大分子，其内部通常通过共价和非共价化学键相连结。共价键的共价交联一般是化学交联,其键能较大,不易打开。而非共价键通过许多氢键、极性键交联,一般属于物理交联,键能较小,容易打开,煤的内部结构主要是通过非共价键来联结(Nishioka,1993)。煤中不溶性物质包含大量大分子多环芳烃和烷基侧链,在微生物代谢活动过程中,小分子的脂肪族和芳香族化合物被生物降解从而变得松散或可溶(Jian et al.,2018)。

次生生物成因气的形成大致经历3个主要步骤:①煤中的大分子转化为小分子,即有机复合体被分解成中间产物,如烷烃、低分子重芳烃和长链脂肪酸;②中间产物继续被分解为产甲烷菌可用作反应物的简单体,如二氧化碳、氢和醋酸盐;③生物成因甲烷的生成(Chen et al.,2018;Jones et al.,2010;Orem et al.,2010;Strazpoc et al.,2011)。常见的生物成因甲烷的形成途径是氢营养型(二氧化碳还原型)[式(1-2-1)]和乙酸分解型(醋酸发酵型)[式(1-2-2)]:

$$CO_2 + 4H_2 \longrightarrow CH_4 + 2H_2O \qquad (1-2-1)$$

$$CH_3COOH \longrightarrow CH_4 + CO_2 \qquad (1-2-2)$$

产甲烷菌还能以甲醇[式(1-2-3)]和甲酸[式(1-2-4)]作为反应物产出甲烷(Colosimo et al.,2016;Davis et al.,2018;Park et al.,2016):

$$4CH_3OH \longrightarrow 3CH_4 + CO_2 + 2H_2O \qquad (1-2-3)$$

$$4HCOOH \longrightarrow 3CO_2 + CH_4 + 2H_2O \qquad (1-2-4)$$

把煤中的复杂有机大分子最终转变为甲烷的每个步骤中均涉及到与之对应的包括细菌和真菌在内的多种微生物群落(Davis et al.,2018;Ritter et al.,2015)。细菌对煤中的脂肪族和芳香族碳氢化合物具有降解作用(Furmann et al.,2013;Raudsepp et al.,2016),真菌同样可以在煤的降解过程中发挥重要作用,形成产甲烷反应的底物(Davis et al.,2018;Guo et al.,2017)。煤中有机物的增溶和降解可以通过微生物的好氧或厌氧途径进行,具体反应途径取决于环境条件(Jones et al.,2010)。产甲烷古菌只有在严格厌氧环境中才会变得活跃进而进行产甲烷活动,产甲烷菌的分布主要受物理化学因素控制(Hoehler et al.,1998)。不同的产甲烷途径的相对优势取决于多种因素,包括温度、湿度、酸碱度等(Alperin et al.,1992;Megonigal et al.,2005;Warren et al.,2004)。有限的有机物和较长时间的地下水滞留有利于二氧化碳还原型产甲烷途径的进行,而有机物快速补给的环境下醋酸发酵型产甲烷菌则更为活跃(Nakagawa et al.,2002;Ritter et al.,2015)。在煤层中,有机物降解细菌可以为甲烷菌提供必要的反应物,产甲烷菌的活动因此也受到这些底物可利用性的限制,而这些底物的生成很可能受到有机物增溶速率的影响,不过这还没有得到确定的结论(Ritter et al.,2015)。

次生生物成因气的生成需要复杂的环境条件,同时可理解为原位条件下微生物群落的分布必不可少(Davis et al.,2018;Ritter et al.,2015)。各个煤储层微生物群落结构虽然有广泛的相似之处但都有其独特的微生物优势菌群和丰度类型。此外,煤层气生产过程中整个微生物群落也处于动态变化之中(Chen et al.,2018)。煤层气储层微生物群落组成(即细菌和古菌的组合)在很大程度上决定了煤的生物降解程度和可溶有机质转化为产甲烷菌可利用的底物类型(Colosimo et al.，2016；Midgley et al.，2010；Penner et al.，2010；Singh et al.，2011)。几乎在所有煤储层中细菌的多样性比古菌的多样性大得多(Barnhart et al.，2013，2016)。

煤层的伴生细菌类型具有显著的多样性特征，包括常见的螺旋菌门(*Spirochaetae*)、厚壁菌门(*Firmicutes*)、拟杆菌门(*Bacteroidetes*)、放线菌门(*Actinobacteria*)以及种类庞杂的所有亚群变形菌门(*Proteobacteria*)(Chen et al.，2018)。这些细菌以其多样的代谢活性和碳氢化合物降解而闻名(Green et al.，2008；Jones et al.，2008，2010；Li et al.，2008；Robbins et al.，2016)。在煤储层内降解多环芳烃的α-变形菌(α-*Proteobacteria*)、γ-变形菌(γ-*Proteobacteria*)和互养的δ-变形菌(δ-*Proteobacteria*)被发现一直与产甲烷菌联系紧密(Guo et al.，2012，2014；Mesle et al.，2013)。多环芳烃是煤层气采出水中检出的主要有机化合物类型，因此降解多环芳烃的α-变形菌能反映原煤层的物理化学条件。许多放线菌在有氧环境中具有降解纤维素和碳氢化合物的能力，它们在厌氧环境的降解能力目前还没有确定(Anderson et al.，2012；Mesle et al.，2013；Ritter et al.，2015)。在微生物种类组成上，变形菌是煤储层中最为重要的生物群落类型，进一步证实了其具有降解煤中干酪根和可溶有机质的能力(Ghosh et al.，2014)。此外，尽管厌氧菌群在煤层中是常见的，但SSU rRNA基因文库和宏基因组显示，为数众多的好氧降解烃类细菌在浅层煤层中更为普遍(An et al.，2013)。靶向宏基因组研究也表明，在煤和煤层气共生水中，有关酶参与了大量有氧烃的代谢(An et al.，2013；Ritter et al.，2015)。

与煤的生物降解和甲烷生成有关的微生物群落会因煤储层的不同而表现出差异。在美国、日本、澳大利亚、加拿大的煤盆地环境常见厚壁菌门和变形菌门(Barnhart et al.，2013；Colosimo et al.，2016)。然而，在美国Powder River盆地放线菌门和螺旋菌门是优势菌群，而澳大利亚、加拿大和日本的产煤盆地的优势菌群均是拟杆菌门(Barnhart et al.，2013；Green et al.，2008)。

除了这些煤盆地之间的差异外，在同一煤盆地内，煤层微生物群落组成也可能存在显著差异。对加拿大Alberta盆地煤和煤层水的微生物分析结果表明，随着煤层深度、物化条件的改变，优势群落也会因此发生变化。虽然所有煤层水环境中普遍存在上述常见的微生物种群类型，但检测的各个煤样的优势菌群各不相同，几乎所有样品都具微生物多样性特征，这表明了微生物群落降解煤和产甲烷的潜力(Lawson et al.，2015)。还有的研究表明，同一煤层的煤样和水样的微生物群落组成也会有不同(Guo et al.，2012；Lawson et al.，2015；Wei et al.，2013)。Guo等(2012，2015)将中国鄂尔多斯盆地同一口井的煤样与其共生水中微生物群落进行了比较，发现煤样中细菌的多样性大于相邻岩层，煤样中细菌的多样性大于其共生水和产出气，而水样中古菌的多样性大于气样。

在煤层中发现的产甲烷古菌包括甲烷八叠球菌(*Methanosarcinales*)、甲烷杆菌(*Methanobacteriales*)和甲烷微菌(*Methanomicrobiales*)等(An et al.，2013；Kirk et al.，2012；

Mesle et al.,2013)。在美国 Powder River 盆地中,甲烷八叠球菌目丰度在古菌群中占据优势(Barnhart et al.,2013;Davis et al.,2018);而在印度煤层中,甲烷微菌目和甲烷杆菌目组成在古菌群落中占据主导地位(Singh et al.,2012)。这些产甲烷古菌类型的差异对应着产甲烷途径的不同,甲烷八叠球菌目常被当作自然界中典型的醋酸分解型产甲烷菌,而二氧化碳还原型则被认为是甲烷杆菌目和甲烷微菌目的生物甲烷产出方式(Kern et al.,2015;Yashiro et al.,2011)。

越来越多的生物检测手段运用在了煤层中微生物群落的研究当中。基因的提取与扩增广泛应用于自然环境中的微生物研究(Bao et al.,2019;Dawson et al.,2012)。宏基因组可用于鉴定与煤的生物降解和甲烷生成过程相关的微生物群落功能组成(An et al.,2013;Ghosh et al.,2014;Ritter et al.,2015),即识别煤中复杂大分子被分解成生物甲烷的各个阶段不同细菌和古菌群落所发挥的作用,例如各种类型的产甲烷古菌分别利用二氧化碳、氢、乙酸盐、甲酸和甲基生成甲烷(Hedderich et al.,2013;Mayumi et al.,2016)。然而,大多数煤层中的微生物类型还没有经过实验研究确定其代谢功能作用以及推测其在煤层代谢的适宜环境参数(Chen et al.,2017)。这方面研究的匮乏随着宏基因组衍生的基因组重建和纯培养物的分离可以得到解决(Evans et al.,2015;Robbins et al.,2016;Singh et al.,2013;Vick et al.,2018)。

1.2.3 影响煤中生物气生成的其他因素

产甲烷菌可以在 2~110℃ 的环境下生存,而其产甲烷代谢活动的最佳温度范围一般是 35~45℃(Zeikus et al.,1976)。通常认为严格厌氧的产甲烷菌在氧化还原电位超过 -300mV 的条件下不能存活或无法维持自身代谢。在高硫酸盐的水环境中,产甲烷菌通常会被硫酸盐还原菌抑制(Mcintosh et al.,2010;Scott,1999;Waldron et al.,2007)。高盐度也具有抑制产甲烷菌的作用,最适合生物气生成的水环境 pH 值接近中性,而偏酸性的水环境可以通过提高煤的溶解度来提高产甲烷率(Hamilton et al.,2015)。

煤的基质孔径通常不超过 50nm,微生物适宜生存的空间是 1000~3000nm,所以能够降解煤炭并产生甲烷的微生物群落主要分布在煤层的裂缝、断层(1~3μm)或在煤与上覆或下伏岩层的接触面处,这为微生物提供了充分与煤表面相互接触的空间。因为甲烷生成只发生在水环境中,因此,增加煤的渗透性有助于提高微生物产甲烷的能力。研究表明,通过地表或大气降水的补给作用,微生物进入煤储层并携带微生物所需的营养物质,以及清除代谢废物、降低盐度等都能促进甲烷生成(Mcintosh et al.,2002;Schlegel et al.,2011;Shuai et al.,2013;Zhang et al.,2013)。

氮等营养元素和某些微量金属元素是维持微生物活性不可或缺的元素组成。产甲烷菌需要微量金属元素来发挥酶的作用(Colosimo et al.,2016;Ritter et al.,2015)。因此微生物的代谢特征直接体现在水的地球化学参数上,如水中离子浓度、同位素、微量元素等地球化学指标。研究煤层气井产出水的化学特征有助于分析地下水化学场特征与微生物代谢活动状态。例如,在对美国主要煤层气产区的水质进行统计分析之后发现与生物成因气相关的地下水中镁离子、钙离子和硫酸根离子含量较低,而钠离子和碳酸氢根离子含量则较高(Van Voast,2003)。

原位储层水环境的变化可能影响产甲烷菌活性,因为在硫酸根离子存在的情况下,硫酸盐还原菌在与产甲烷菌竞争反应底物(如氢、醋酸和甲酸)的过程中占优势,因此抑制了产甲烷作用的进行(Colosimo et al.,2016)。当硫酸根离子较小(<1mm)时,甲烷生成作用得以进行(Muyzer et al.,2008)。而产甲烷菌可利用的甲胺和二甲基硫化物被认为是非竞争性底物,当甲胺和二甲基硫化物的浓度足够并可被原位产甲烷古菌反应时,产甲烷作用和硫酸盐还原反应并不相互排斥(Mitterer,2010;Colosimo et al.,2016)。其他的研究表明,在硫酸根离子浓度较低的情况下,硫酸盐还原菌也具备降解煤中有机大分子的能力,并促进产甲烷菌进行代谢产出甲烷(Wawrik et al.,2012)。

次生生物成因甲烷产生的过程中,煤阶常常被认为对生物成因甲烷的生成潜力及微生物的代谢作用造成很大的影响。生物成因甲烷通常在低阶煤盆地被发现,如 Qrdos 盆地、Powder River 盆地、Surat 盆地和 Illinois Basin 盆地,但在高阶煤中也有报道,如沁水盆地(Yang et al.,2018)。通常认为低阶煤比高阶煤包含更为丰富的侧链和官能团,更易于被微生物利用(Jian et al.,2018)。然而,已经发表的研究成果表明煤阶与生物甲烷生成潜力的关系仍然是一个有争议的问题。尽管如此,随着人们对环境清洁能源的日益重视,高阶煤中生物甲烷同样意义重大。

1.2.4 判断生物成因气方法的研究现状

煤层中发现的天然气可以是热成因的、生物成因的或混合成因的,可以利用稳定同位素(如甲烷碳氢同位素、二氧化碳碳氧同位素、水氢氧同位素)来确定生物成因气的来源和生成途径(Davis et al.,2018;Golding et al.,2013)。这些同位素指标在研究煤储层中生物甲烷系统的代谢途径被广泛使用(Aravena et al.,2003;Burra et al.,2014;Cheung et al.,2010;Kandu et al.,2012;Kinnon et al.,2010;Ni et al.,2013;Weniger et al.,2012)。澳大利亚 Bowen 盆地和 Surat 盆地煤层气同位素组成说明它是混合成因的(Hamilton et al.,2014;Kinnon et al.,2010)。美国 Powder River 盆地是世界上被发现为数不多的生物成因气煤储层(Flores et al.,2008;Mcintosh et al.,2008)。虽然在 Illinois 盆地的煤和页岩地层中发现的大部分甲烷都是与热成因相关的,但也有研究表明,该盆地东缘煤层气同位素指示是生物成因气,这与大气降水和冰川融化的地下水补给有关(Schlegel et al.,2007,2008;Strapoc et al.,2011)。印尼 Sumatra 盆地南部的煤层气同位素组成表明该盆地存在混合成因气,微生物研究也证实了确实存在产甲烷菌的活动痕迹,利用该区煤层气共生水进行微生物培养成功产出了生物成因气(Susilawati et al.，2016)。

二氧化碳还原型和醋酸发酵型产甲烷作用通常被认为是生物甲烷生成的主要途径(Cheung et al.，2010；Pashin et al.，2014；Ritter et al.，2015；Strapoc et al.，2011；Wang et al.，2010)。某些产煤盆地的甲烷同位素指标及微生物分析结果存在矛盾,即占主导地位的微生物种群的代谢途径不一定匹配其相应的同位素参数特征。例如,同位素特征表明二氧化碳还原型产甲烷作用是墨西哥 Gulf Coast 盆地 Wilcox Group 煤层生物甲烷生成的主要途径(Mcintosh et al.,2010；Warwick et al.，2008),然而微生物学结果表明甲基营养型或醋酸发酵型的甲烷生成途径可能主导生物成因气的形成(Jones et al.，2010)。同位素结果表明,在 Powder River 盆地二氧化碳还原型产甲烷作用是甲烷生成的主要途径(Flores et al.，2008；Rice et al.，2008),而有些微生物富集培养的结果表明生物成因气是通过醋酸发酵方式而来(Green et al.，2008)。

有学者提出了仅用常规稳定同位素分析测定煤层气的来源或产甲烷途径的准确性存在一定问题。利用常规稳定同位素分析,氢营养型被当作是一种生物作用产煤层气的主要途径。然而,不论实际的产甲烷途径,还是稳定同位素的这种分布特征,都是由于甲烷前体与地层水之间的氢同位素平衡反应造成的。$\delta^{13}C$ 分析预测煤层气起源的准确性可以受混合成因气、竞争底物转化、甲烷氧化和地层水作用的影响。因此,同时考虑同位素指标与微生物群落分析,才可能获得更为完整和准确的判断结果(Vinson et al.，2017)。

1.2.5 研究区相关研究现状与存在的问题

Guo 等(2014)利用 454 高通生物测序分析了沁水盆地南部煤储层水中古菌组成,揭示了具有氢营养型产甲烷功能的甲烷杆菌(*Methanobacterium*)为优势菌群,并通过唯一添加氢、二氧化碳和甲酸富集培养成功培育出了甲烷杆菌,说明了该区产甲烷菌的产甲烷活性和潜力。

Guo 等(2017)采用 Miseq 测序和厌氧培养技术对沁水盆地采出水中微生物群落进行了分析,证实了真菌能在目标煤层中存活并能与细菌共同降解煤,并验证了微生物产甲烷的潜力。根据煤储层采出水进行生物测序结果,以担子菌门(Basidiomycota)和子囊菌门(Ascomycota)为主的真菌群有力地说明了活性真菌的存在,并能在煤生物降解成产甲烷菌可利用的底物过程中发挥重要作用。

Yang 等(2018)首次成功发酵培养出大容量(160L)取自沁水盆地的块状无烟煤,并实现了半工业化规模的生物成因气生产。Yang 等(2008)的实验结果表明,主要的产甲烷古菌群落在富集培养后发生显著富集。因此,不能简单地根据非原位培养液接种培养的方法来判断产甲烷古菌的产甲烷途径。

目前,对于柿庄南区块甚至沁水盆地生物成因煤层气与煤储层中微生物群落的研究还比较欠缺。以往学者主要通过非原位微生物培养的方法来检验该区细菌或古菌的丰度与分布,并不能真实反映原位煤储层中的真实微生物群落情况,而且通过单一或者少数几个样品很难从整体上全面反映研究区内沿径流方向上微生物分布的差异与变化。

1.3 研究内容与方案

目前,国外在生物成因产甲烷及微生物对煤储层的改造研究方面已经取得了重要认识,而中国在煤储层中的微生物群落特征以及微生物代谢对煤储层影响方面的研究还比较薄弱。生物成因气多见于中、低阶煤,沁水盆地南部多为高阶无烟煤储层,但仍存在能够降解煤的细菌与具产甲烷潜力的古菌。柿庄南区块是西倾的单斜构造,由研究区东南部的地下水以径流状态为主的氧化环境向西北部以滞流为主的还原环境逐渐变化,是研究煤储层微生物作用机理的理想区域。微生物代谢活动会对煤中有机质进行降解改造,主要体现在煤及其共生水地球化学与微生物优势群落潜力功能上。笔者以沁水盆地南部柿庄南区块3号煤储层水为研究对象,基于大量煤层气开采区的排采和地质资料以及地球化学测试数据,从微生物地球化学与微生物优势群落等角度入手,对柿庄南全区高阶煤储层的微生物分布、地球化学特征和生物甲烷形成机理进行研究,分析了山西组3号煤储层水生物地球化学对煤储层环境的响应,有效耦合生物地球化学指标变化,认识到适宜的还原条件与储层环境是气体储存和聚集的关键,为研究高煤阶储层次生生物成因煤层气提供理论支撑和建议。由此本书的主要内容如下。

1. 柿庄南区块煤储层水化学场特征与硫酸盐剖面研究

系统采集柿庄南区块煤层气井产出水,对研究区3号煤储层水开展地球化学特征分析,判别主要水岩作用,建立硫酸盐浓度剖面模型并解释微生物作用对煤储层水溶解甲烷的消耗机制,并由此对煤层中可能生成的自生碳酸盐矿物做出预测。

2. 研究区煤储层水微生物群落多样性与功能鉴定

对区内采集的3号煤储层水进行16S rRNA测序,结合区内水化学场,系统研究煤储层水中产出水的细菌、古菌的优势菌群,以及区内各微生物群落的丰度与分布的变化,判断各优势菌落在煤储层环境所具备的代谢功能。

3. 研究区煤储层水溶解甲烷成因类型识别与生物甲烷生成方式判别

基于全区范围内的3号煤层产出水溶解甲烷碳氢同位素、溶解二氧化碳碳氧同位素和水氢氧同位素,判别溶解甲烷的成因类型和生物甲烷生成方式,以及生物甲烷生成方式在研究区内沿地下水径流方向的变化特征,并与生物测序结果相互对照增强结果可靠性。

4. 研究区煤储层氧化还原梯度识别对产能的指示

依据研究区内煤储层水环境微生物群落的地球化学作用机理及相互联系,有效耦合生物地球化学指标变化,重点分析煤储层微生物产甲烷作用、硫酸盐还原作用等,划分煤储层环境氧化还原梯度,并对储层的封闭性及产能做出推断并预测产气潜力区。

2 沁水盆地及柿庄南区块地质概况

2.1 地质构造特征

2.1.1 区域地质构造

作为华北地台内的一个二级构造单元,山西东南部的沁水盆地是晚古生代基底上形成的近南北向的大型复式向斜构造盆地,面积约 $3.0\times10^4 km^2$,地理位置为北纬 $35°\sim37°$,东经 $112°\sim115°$,平均海拔在 800m 以上,被东部太行山、西部霍山、南部中条山和北部五台山的隆起地形所环绕(陈杨,2015;段利江,2006)。作为中国北部地形起伏明显的黄土地貌,沁水盆地常年受到水流的侵蚀作用。沁水盆地内主要河流体系有清河、沁河,也有小型支流,但大多最终汇入沁河。沁水盆地地处北温带半湿润区,属东亚季风气候,季节差异较为明显,夏季湿热降水量大,冬季干冷少见降水,年平均温度可达 25℃ 左右,年平均降水量小于蒸发量。沁水盆地是山西优良无烟煤产出地之一,煤炭资源类型多为石炭系至二叠系中到高变质的烟煤和无烟煤。因此,沁水盆地具备了开采煤层气资源的优良条件,是我国第一个也是目前最大的煤层气商业开发盆地(康永善,2017;李国富,2012)。

从古构造角度来看,沁水盆地是华北断块区形成于晚古生代成煤期后由区块地层差异化抬升后形成的典型板内断陷类型构造(李忠城,2012)。从地质历史的时间维度上来看,沁水盆地地层发育先后经历了海西、印支、燕山、喜马拉雅等多期构造作用的改造,石炭纪至二叠纪形成的含煤地层也受到多次稳定沉积作用的影响,同时也缺失了部分时期的沉积特征(孟召平,2010)。在震旦纪华北地台上形成后,沁水盆地不断受到自寒武纪起的稳定碳酸盐岩沉积;随后,沁水盆地由于加里东运动作用而抬升,使得志留纪与泥盆纪沉积作用间断;而后海西运动导致海水入侵后稳定沉降作用重新开始;在长期侵蚀作用和频繁地层升降的影响下,石炭纪形成的准平原化沁水盆地逐渐变为海陆交互沉积环境类型并且形成相应的海陆交互相地层(李忠城等,2011)。

二叠纪初期较为潮湿的气候类型使蕨类植物生长茂盛,经过沉积演化而形成了 15 号煤层。后来地层抬升活动主导,海水消退,又形成了三角洲沉积,蕨类植被也经沉积演变成为了如今具商业开发价值的 3 号煤层。中二叠世中期海水又一次逐渐退出,气候环境也逐渐干燥形成了以砂岩为主的陆相沉积(时伟等,2017)。

在印支运动地质时期,三叠纪地层河湖相碎屑岩首先沉积。三叠纪末期地层整体抬升,陆相沉积结束,风化剥蚀开始,继而导致侏罗纪与白垩纪地层缺失,形成古风化壳。欧亚板块与太平洋板块挤压作用导致早侏罗世的燕山期构造运动最为强烈,侏罗纪中期、二叠纪、三叠纪和石炭纪地层进一步得到抬升并形成部分褶皱地形和整体上的南北向复向斜(陶树等,2011)。与此同时,存在局部活跃的岩浆侵入作用形成的地热场使得煤层的变质作用加剧。燕山运动形成的地貌特征被喜马拉雅运动前期的地壳伸展断裂改造,也造成普遍的风化侵蚀作用,多个盆缘断裂甚至断陷盆地因此形成,沁水盆地的基本构造也由此产生。值得注意的是,喜马拉雅运动改变了沁水盆地构造应力,开启了含煤地层的割理和裂缝(王善博等,2015)。

经历上述不同地质历史时期的运动改造后,位于华北断块区的沁水盆地形成了如今的构造形态特征。整体上盆地呈现出北北东向延伸的大型复式向斜构造,形态上表现为中间窄、两边宽的宽缓哑铃状。沁水盆地内构造相对较简单,发育规模与面积都不大的次级向斜褶皱,其边界多是挤压断裂褶皱。盆地内部断层不甚发育,地层浅处存在断裂。盆地内部不同区域构造又呈现出一定差异,其南部可近似为北倾的单斜构造,轴向为南北向和北北东向的褶皱较为发育,断层较为少见,个别断层对区内煤层气资源的保存起重要控制作用(杨焦生等,2017;张晓敏,2012)。

2.1.2 柿庄南区块地质构造

沁水盆地作为煤层气勘探开发的热点地区,已经成为中国最成功的煤层气商业开发区。沁水盆地南部是煤层气勘探开发高投入、高研究程度的地区之一,其煤层气产量占总产量的90%以上(段利江等,2007;郭广山等,2017)。如图2-1-1所示,沁水盆地南部煤层气资源商业开发区块包括柿庄南区块(SZN)、成庄区块(CZ)、樊庄区块(FZ)、潘庄区块(PZ)、柿庄北区块(SZB)等。柿庄南区块处于沁水盆地南部西北倾的斜坡带上,多期构造运动对该区的构造形态产生了重要影响(黄少华等,2013)。在燕山运动早期,北西-南东向挤压应力使得区内发生强烈的构造运动,石炭纪、二叠纪和三叠纪地层跟随山西隆起抬升,由此形成以大型开阔褶皱为主的构造变形,构造走向主要为北北东向;在燕山晚期至喜马拉雅期,区域构造应力方向发生改变,形成了以北西-南东向为主的主张应力方向,以北东-南西向为主的主压应力方向,进而形成以断裂为主的地质构造(姜杉钰等,2016)。

柿庄南区块位于东经$112°38'30''$—$112°48'00''$之间和北纬$35°48'00''$—$35°58'00''$之间,是典型的向斜盆地。研究区的地形起伏明显,多为中、低高度的山脉、峡谷和山谷,海拔1000~1418m。高山、陡坡、深谷和沟壑众多,区内的地表水通过大小不同的基岩冲沟排泄,在旱季,此类沟壑流量低,而在雨季得到大气降水的充分补给。研究区位于温带大陆性季风气候带上,夏季多雨,7月最高气温约37℃;冬季多雪,1月最低气温约-16℃。区域降水时空分布不均,7月、8月的降水量占全年总降水量的50%以上。年均降水量为640mm,年均蒸发量为1510mm。草地、耕地和林地是研究区主要土地利用和覆盖类型(李灿等,2013;李盼盼,2018)。

研究区总体构造特征相对简单,总体地势由东南向西北逐渐倾斜,总体构造形态为马蹄形斜坡带,倾角3°～13°。区内最大的寺头弧形断层是一条封闭的正断层,由东北向西南延伸(图2-1-1),寺头断层南部断距和倾角逐渐变小,周围伴生部分隐伏小断层。寺头断层是柿庄南区块的西北边界,其破碎带胶结致密,导气导水性差,对研究区煤层气成藏具有良好的封闭性。在研究区内,常见的是一些北北东至南南西和南北向延伸的宽而平缓的褶皱(时伟等,2015)。

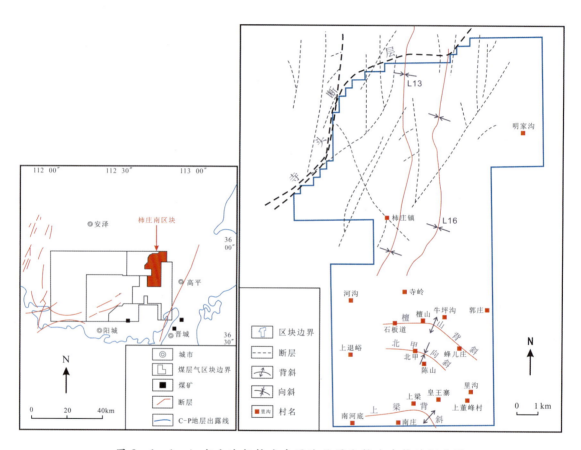

图2-1-1　沁水盆地与柿庄南区块位置和柿庄南构造纲要图

柿庄南区块内的煤层厚度大、分布稳定,煤层气勘探和开发的主要目的煤层为山西组3号煤层和太原组15号煤层。山西组发育于陆缘海相沉积之上的三角洲沉积。太原组是碳酸盐岩台地沉积与障壁岛沉积形成的复合沉积体系。研究区内3号煤层厚度大于15号煤层。本次研究对象主要是3号煤层,其厚度3.80～7.60m,平均厚6m,局部存在夹矸,埋深450～900m,西深东浅。顶板以泥岩、砂质泥岩为主,底板以粉砂岩、泥岩居多。15号煤层厚度范围在3.1～10.5m之间,平均约4.53m,埋深542～881m,比3号煤层埋深(80～110m)大,直接顶板多为灰岩,底板多为泥岩。3号煤层横向分布稳定性比15号煤层好。

2.2 含煤地层沉积与赋存特征

2.2.1 含煤地层沉积特征

沁水盆地是中生代发育的石炭纪—二叠纪残留盆地,以太古宙与古元古代变质岩为基底,沁水盆地南部地层包括下古生界中奥陶统峰峰组($O_2 f$)、上古生界上石炭统本溪组($C_2 b$)、上古生界上石炭统太原组($C_2 t$)、上古生界下二叠统山西组($P_1 s$)、上古生界中二叠统石盒子组($P_2 s$)、上古生界中二叠统石千峰组($P_2 sh$)和新生界第四系沉积(Q)(吴财芳等,2015;王凯峰等,2018)。

其中,作为研究区的主要含煤地层太原组和山西组地层由细粒砂岩、页岩和煤组成。含煤地层上覆的二叠系石盒子组和石千峰组由页岩和泥质砂岩组成。下伏地层包括石炭系本溪组和奥陶系峰峰组,本溪组主要由页岩和黏土岩组成,不整合接触覆盖在峰峰组的海相碳酸盐岩之上。太原组和山西组的沉积环境具有广泛的潮坪相、浅海相及三角洲相与湖泊相环境(邢力仁等,2017)。

盆地隆升过程中,绝大多数中生代地层和新生代地层都受到了侵蚀。出露地层包括二叠系石盒子组、石千峰组,三叠统刘家沟组及分布于河谷内的部分松散第四系沉积物。相邻地层除奥陶系峰峰组和石炭系本溪组构成平行不整合外,其余均为整合接触,石盒子组、石千峰组、刘家沟组和第四系沉积物构成角度不整合。此外,研究区北部寺头断层附近发育的10多条次级高角度正断层切割煤系地层。研究区不含岩浆侵入体(邢力仁,2014;杨帆,2016)。

作为研究区主要的含煤地层,太原组和山西组特征如下。

(1) 太原组

太原组是由陆表海碳酸盐岩台地沉积和堡岛沉积形成的一套海陆交互相复合沉积体系。主要由深灰色—灰色灰岩、泥岩、砂质泥岩、粉砂岩,灰白色—灰色砂岩及煤层组成。含煤7~16层,下部煤层发育情况好于上部煤层。具多种类型层理。泥岩和粉砂岩中可见菱铁矿和黄铁矿结核。动植物化石在太原组沉积地层中较为常见。

(2) 山西组

山西组为发育于陆表海沉积背景之上的三角洲沉积,一般以三角洲河口沙坝、支流间湾开始过渡到三角洲平原相。砂岩在山西组中最为常见。组内发育的层理类型也较为丰富,常见植物化石。组内发育4层含煤地层,自上而下分别编号为1~4号。其中3号煤层在柿庄南延伸范围广泛而分布较为稳定,是煤层气资源勘探开发的主要层位。

3号煤层位于山西组的下部,柿庄南3号煤层厚度在4.45~8.75m之间,平均6.35m,最小厚度(约4m)在研究区东缘。3号煤层总体埋深在600~750m之间,总体煤层形态呈现东南浅、西北深的趋势。研究区3号煤层含1~3层夹矸,夹矸厚度通常不大于0.5m,单层厚度小于0.3m,夹矸岩性多为泥岩或粉砂质泥岩。研究区内地层综合情况见表2-2-1。

表 2-2-1 地层综合表

地层单位				厚度范围/m（平均值）	岩性描述
界	系	统	组		
新生界	第四系（Q）				紫红色和黄绿色黏土、亚黏土,夹细砂、粉砂、中粗砂和砾石层
中生界	三叠系（T）	下统（T_1）	和尚沟组（T_1h）	0~50	灰紫色薄至中层状细粒砂岩夹紫红色泥岩
			刘家沟组（T_1l）	15~595（400）	浅灰色、灰紫色薄至中层状细粒砂岩,夹紫红色泥岩、砂岩
古生界	二叠系（P）	中统（P_2）	石千峰组（P_2sh）	22~217（150）	中上部为紫红色泥岩与灰绿色中粗砂岩互层,底部为灰白色含砾粗砂岩,局部为中砂岩
			石盒子组（P_2s）	460~550（500）	灰绿色—紫红色中粒至细粒砂岩与紫红色粉砂岩和泥岩互层。中部为白色含砾粗砂岩,下部夹灰色鲕粒和黏土泥岩。含暗红色锰、铁质斑块
		下统（P_1）	山西组（P_1s）	42~60（50）	深灰色、灰黑色泥岩,砂质泥岩,粉砂岩互层夹煤层。含煤2~3层,自上而下编为1~3号,其中3号煤层厚度大,分布稳定
	石炭系（C）	上统（C_2）	太原组（C_2t）	78~110（98）	灰黑色泥岩与细砂岩、灰岩、含气煤不等厚互层;煤层5~13层,自上而下编为4~15号,其中9号、15号煤层分布稳定
			本溪组（C_2b）	0~25（10）	铝土质泥岩。上部夹灰绿色、深灰色泥岩,粉砂岩;中下部为灰色黏土泥岩;底部局部为角砾岩,富集黄铁矿结核
	奥陶系（O）	中统（O_2）	峰峰组（O_2f）	50~170（120）	上部为灰色—深灰色灰岩,角砾状泥灰岩;下部为灰色、深灰色泥灰岩,角砾状泥灰岩,并夹薄层状石膏层
		下统（O_1）	马家沟组（O_1m）	170~380（230）	上部灰黑色厚层灰岩;下部为泥灰岩、角砾状泥灰岩

2.2.2 煤层赋存特征

太原组地层沉积物包括碎屑岩、泥质岩、碳酸盐岩和煤层。碎屑岩主要含中细粒石英砂岩、岩屑石英砂岩、粉砂岩。泥质岩主要是粉砂质泥岩和灰黑色泥岩。碳酸盐岩主要为含生物碎屑灰岩,生物碎屑体积分数在 15%~30% 之间。太原组含 7~9 层煤层,煤层厚度范围在 3.25~10.79m 之间,平均约 6.91m,其中有 1~2 层煤层具备开采价值,15 号煤层在区内分布连续,全区可采,而 9 号煤层分布不连续,仅在部分地区可采。太原组自下而上共发育 5 层灰岩,易于识别,是研究区地层划分和追踪的重要标志层(杨国桥等,2016)。

山西组地层沉积物包括砂岩、砂质泥岩、泥岩和煤。山西组可分为下、上两个岩性单元。下部以深灰色和灰黑色泥岩与砂质泥岩居多,含 2~3 号煤层,其中 3 号煤层分布连续稳定,具备开采价值。山西组上部由深灰色砂岩、粉砂岩和泥岩组成,煤层厚度不等。该组煤的总厚度在 5.12~10.70m 之间,平均约 6.31m。与太原组相比,山西组砂岩较多,无碳酸盐岩但富植硅体(张松航等,2015)。

太原组与山西组地层包含 10 多个煤层,深度分布在 100~200m 之间。但大部分煤层都是极薄煤层,只有 3 号煤层和 15 号煤层厚度较大且稳定,分布连续而广泛。柿庄南 3 号煤层南部较薄,厚度 5.5~6.5m,北部较厚,厚度 6~7m。3 号煤层埋深在 71.4~1074m 之间,平均 626.6m,总体上由南向北煤层埋深逐渐增加。15 号煤层的厚度分布特征与 3 号煤层基本一致,其厚度在 3.0~5.0m 之间,平均为 3.8m。但是由于 15 号煤层位于山谷中,柿庄镇附近的深度可以小于 600m。15 号煤层位于 3 号煤层以下 60~80m,与 3 号煤层埋深趋势相似。因此,将 15 号煤层作为研究区煤层气开发的主要煤层(张晓娜等,2017)。

3 号煤层位于山西组中下段,位于 K_8 粉砂岩下。该煤层一般由亮煤和半亮煤组成,通常含有 1~3 层泥岩或钙质泥岩夹层。煤层底板以粉砂岩、泥岩居多。顶板由泥岩和粉砂质泥岩组成,局部可见中细砂岩。3 号煤层的最大镜质体反射率在 2.04%~4.36% 之间,平均为 3.08%,即从半无烟煤到无烟煤。3 号煤层储层压力梯度在 (0.052~1.08)MPa/100m 范围内,平均值为 0.66MPa/100m,地层压力较低(王凯峰等,2018)。

15 号煤层位于太原组下部,距 3 号煤层上部的垂直距离大约为 90m。与 3 号煤层相同,15 号煤层主要由亮煤和半亮煤组成,该煤层一般含 3~6 层泥岩或碳质泥岩夹层。15 号煤层底板以泥岩居多。直接顶板主要由泥岩、方解石和 K_2 灰岩组成。15 号煤层的最大镜质体反射率范围在 2.13%~4.25% 之间,平均为 3.14%,略高于 3 号煤层,煤级也为半无烟煤至无烟煤。储层压力梯度范围在 (0.28~1.18)MPa/100m 范围内,平均约 0.71MPa/100m,略高于 3 号煤层,但仍处于欠压状态,说明这两个煤层处于不同的水动力单元中(吴财芳等,2015)。

2.3　水文地质与地下水条件

2.3.1　含水层分布

赋存形式和储集空间的差异使得每种类型的含水层在富水性、含水层的水力联系,以及地下水的动态变化方面存在差异。石盒子组和山西组砂岩裂隙承压水含水层深埋于下二叠统中,岩性为中细砂岩,是沁水盆地南部3号煤层的主要水源。将沁水盆地南部含水层按照储集空间差异划分了含水层类型。根据研究区内地层垂向发育状况,以及各个含水层之间的水力联系,自上而下可以划分为5套含水层(Zhang et al.,2017;Zhang et al.,2018)(图2-3-1)。

(1)第四系(Q)松散砂砾石孔隙潜水含水层(A_1)

沁水盆地南部第四系沉积物部分出露于地表,其分布少、厚度变化大,主要由沟谷中的砂、砾、卵石混合堆积层组成,孔隙度大,渗透率高,普遍较为富水,属于中强富水性含水层,但中、上更新统通常是透水不含水层。该层水源的直接来源是地表水或大气降水,其分布和厚度受地形、季节等因素限制,水位埋藏较浅,因此含水性变化也较大。

(2)石盒子组(P_2s)砂岩裂隙潜含水层(A_2)

该层岩性以砂砾岩为主,粒度粗,颗粒大小不等而孔隙度大,裂隙构造也比较发育,贯通性好,是沁水盆地南部主要富水层位,属于强富水性含水层。

(3)山西组(P_1s)砂岩裂隙含水层(A_3)

山西组常见灰色中细砂岩、含砾粗砂岩,成分多为长石和岩屑,粒度不均。研究区内分布最广泛、连续性最强的是3号煤之上的K_8砂岩含水层,以及3号煤下伏的K_7砂岩含水层。砂岩含水层内发育张性断层、风化裂隙、构造裂隙及陷落柱,孔隙度大,导致含水性强。由于侵蚀面的存在,K_8砂岩含水层与3号煤层顶板可以作为其直接充水水源;若K_8与3号煤之间存在泥岩隔水层,则通过泥岩中的裂隙补给地下水。此次研究中,3号煤层将被视为砂岩含水分层之间的弱承压含水层。综上,A_3属于强富水性含水层。

(4)太原组(C_2t)灰岩裂隙含水层(A_4)

该含水层岩性主要为灰白色细粒石英砂岩和深灰色致密、坚硬灰岩,单层厚度范围在2~10m之间,间夹厚度不等的泥岩隔水层,将含水层分隔成层状分布且近似独立的含水体,因此相互间缺乏水力联系。溶洞和溶蚀裂隙发育,岩层含水方式为岩溶-裂隙水,太原组灰岩承压含水层静止水位标高为601.18~835.55m,单位涌水量为0.000 355~0.002 491L/(s·m)。综上,A_4属于较强富水性的含水层。

(5)奥陶系(O)灰岩岩溶裂隙含水层

该含水层岩性以灰岩、泥灰岩及泥质灰岩居多。含水空间以岩溶裂隙及溶孔为主,是煤

2 沁水盆地及柿庄南区块地质概况

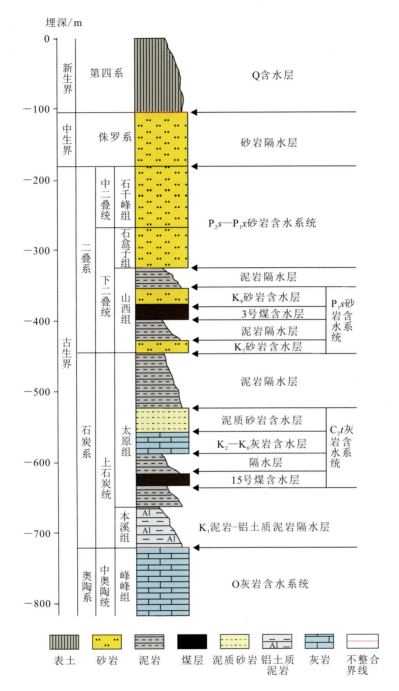

图 2-3-1 沁水盆地南部地层与含水层示意图

层底板的间接含水层。峰峰组上部岩溶含水层水位标高在 681.06～704.62m 之间，单位涌水量为 0.000229～0.02L/(s·m)，属于强富水性承压含水层。

在盆地尺度上,含水层之间没有垂直水力联系。各含水层紧密,裂隙不发育,渗透性差。一般来说,A_2、A_3 的富水性和渗透性较低,A_1 的富水性和渗透性中等,A_4 的富水性和渗透性较高。相比之下,A_3 的富水性和渗透性高于 A_2。如图 2-3-1 所示,在每个含水层之间形成稳定的隔水层,因此,除非存在断层或地层不正确钻进,否则 A_1 和 A_4 对煤层气开采的影响很小。

目标煤层 3 号煤层和 15 号煤层分别属于 A_3 和 A_4 含水层。通常,煤层含水层被几乎不透水的泥岩或页岩所隔开。因此,A_3 和 A_4 对煤层气的开发有着重要的影响,而其他含水层,特别是 A_5,对煤层气的生产几乎没有影响,除非钻探破坏地层使其相互沟通。

A_3 为深埋承压含水层,由破碎的中细砂岩组成。由于裂缝发育弱,A_3 含水量少。A_4 岩性以岩溶裂隙灰岩和破碎砂岩居多,为深 360~1000m 的承压含水层。含水层的砂岩和灰岩夹一层不透水的泥岩层,将含水层分为半独立的亚含水层。A_3 和 A_4 是本研究区煤层气开发的主要含水层。

含水层间被隔水层与其他含水层隔开。A_3 和 A_4 之间的含水层由泥岩和砂质泥岩层组成,具有平行的复合结构和层厚度的广泛变化。A_4 和 A_5 之间的隔水层由本溪组的铝土矿、黏土页岩和粉质页岩组成,即两大隔水层。①峰峰组($O_2 f$)泥岩-铝土质泥岩隔水层。该隔水层以含铝土质细碎屑岩较为常见,裂隙呈闭合状且不发育,其中泥岩及铝土质泥岩是奥陶系灰岩岩溶水(以下简称奥灰水)和煤系含水层间的良好隔水层。15 号煤层底板隔水层承受奥灰水压力为 1.879 1~3.664 4MPa,突水系数 0.092 6~0.361 7MPa/m,大于临界突水系数 0.10MPa/m。②二叠系(P)泥岩隔水层。该隔水层岩性以泥岩、粉砂质泥岩较为常见,呈层状稳定分布于砂岩含水层之间、煤矿坑顶板冒裂带、断层破碎带和陷落柱范围以外,阻隔了研究区含水层相互间的水力联系。3 号煤层底板隔水层承受奥灰水水压力为 1.879 1~3.664 4MPa,突水系数 0.028 5~0.089 5MPa/m,小于临界突水系数 0.10MPa/m,一般情况下 3 号煤层不会受奥灰水的影响而发生底板突水,但区内存在的小型正断层或陷落柱可能使地下水对 3 号煤层构成充水影响。

2.3.2 地下水条件

柿庄南区块水文地质条件相对简单,在层间径流引起的水力联系薄弱,垂直含水层与页岩水分离层之间形成独立的煤含水层系统。地表水和大气降水为研究区地下水系统的主要补给,地下水径流和排泄在一定程度上受地形条件、地质构造和区域侵蚀基准面影响。径流量呈带状或线性分布,水量变化很大,受地形特征控制。一般来说,该区地下水具有来源简单、水力变化快的特点。多雨季节大量地下水以洼地的形式排出,形成季节性河流流经地表。

如图 2-3-2 所示,柿庄南区块地下水埋藏较深、径流缓慢,径流条件随埋深而变化。地下水在重力作用下由东南向西北方向流动。当它与断层接触时,会形成水力停滞受限区。煤层气在静水压力作用下被封堵,这可能导致较高的储层压力。径流区地下水相对活跃,在冲刷和溶解作用下含气量降低,滞留区封闭性和含气性都较好,有利于煤层气的勘探和开发。总体上,3号煤层含气量由东南向西北逐渐增加。柿庄南区块整体上可近似为西倾的单斜构造。盆地东部边缘的晋获断裂出露部分地势较高,在盆地东南缘接受大气降水和地表径流后补给煤储层,由露头区域逐渐过渡为最终的滞留区。西侧的寺头断裂形成了地下储层的天然屏障(陈杨,2015)。

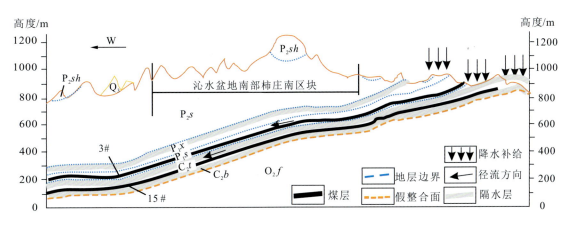

图 2-3-2　沁水盆地柿庄南区块水文地质条件

2.4　柿庄南区块煤储层物性与含气性

研究区3号煤层储层压力范围在1.75~6.14MPa之间,平均为3.00MPa(图2-4-1);压力梯度范围在(0.31~0.70)MPa/100m之间,平均0.48MPa/100m;临界解吸压力范围在0.7~3.32MPa之间(图2-4-2);临储比范围在0.25~0.83之间,煤储层处于欠压状态。3号煤层临储比与临界解吸压力均呈由东向西增加的趋势。

煤储层压力是煤层气产出的一个重要控制因素,有效储层压力同时也表征驱动能量大小。沁水盆地南部3号煤层厚度大,含气量也比较高,但是在煤储层压力较低的情况下,排采降压比较困难。相反,高储层压力和高临界解吸压力则有利于煤层气的排采。

3号煤层的构造位置对储层压力起明显控制作用,柿庄南区块为单斜构造,由东向西,储层压力呈现增加的趋势,次级向斜部位储层压力明显偏高。煤层储层压力是决定煤层气产气重要的地质因素,一般情况下煤层原始压力高,煤层气保存条件则好,相应煤层含气量就高。

柿庄南区块3号煤层孔隙度在4.72%~5.96%之间,平均5.41%。构造特征对煤层裂隙的形成与分布起着决定性作用。沁水盆地煤层形成之后受构造作用影响不大,且之后以拉张作用为主,使得3号煤层部分可以保持其较良好的原生结构。柿庄南区块3号煤层原生与碎裂结构并存,裂隙分布使得研究区煤储层有着良好的流动性。从整体上来说,区内的

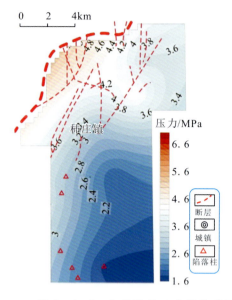
图2-4-1 3号煤层压力等值线图

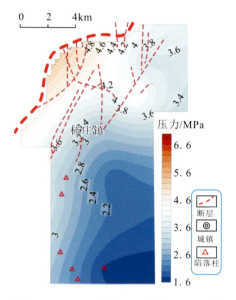
图2-4-2 3号煤层临界解吸压力等值线图

煤层裂隙与割理在亮煤和半亮煤中发育,在暗煤和半暗煤中则较少发育。

柿庄南区块煤层的渗透率也是该区成为煤层气有利开发区的重要原因。渗透率是煤储层排水降压和压降漏斗扩展的前提条件。良好的渗透性来源于煤层节理裂隙的发育,使煤层气在排水降压过程中从煤基质中解吸出来。柿庄南区块煤层渗透率较低,其中3号煤层的实测渗透率的范围在 $0.01 \times 10^{-3} \sim 1.2 \times 10^{-3} \mu m^2$ 之间。

如图2-4-3所示,柿庄南区块3号煤层含气量总体上呈现出西北向东南逐步递增的趋势,其范围在 $8 \sim 21 m^3/t$ 之间。3号煤储层煤层气气体组分无明显差别,甲烷一般占据90%以上,部分可能达到95%以上,个别接近100%。氮气组分通常不足5%;二氧化碳含量小于3%,基本不含重烃。

从区块煤层含气量分布规律分析,含气量自西向东逐渐降低,富气带长轴沿北北东—南南西方向展布,沿北西西—南东东方向煤层含气量快速变化。从煤层气井产能看,高产井及低产井的分布与含气量的分布关系密切。统计结果表明,煤层气产量高的井多分布在含气量相对较高的区域。

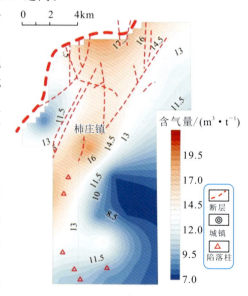
图2-4-3 3号煤层含气量等值线图

3 柿庄南煤储层水微生物测序与分析

3.1 16S rRNA 测序流程

本节内容采用 16S rRNA 生物测序的方法对柿庄南区块煤储层水中的微生物群落进行了研究。为保证微生物群落不受温度影响而失去活性,所有样品保存于 50mL 离心管并用干冰保持低温直到提取基因。提取基因前,装有水样的离心管以 5000r/min 离心 10min,然后舍弃表层清液。

为完成聚合酶链式反应的扩增,提取经质量检测合格的基因样品,利用对应的引物配置试验体系并设置符合研究区微生物的参数进行聚合酶链式反应扩增。聚合酶链式反应扩增产物的纯化使用 Agencourt AMPure XP 磁珠,将其再溶于洗脱缓冲液,贴上标记物从而完成建库。文库的片段范围及浓度的检验利用 Agilent 2100 Bioanalyzer。根据检测合格的文库插入片段范围尺寸,选择 HiSeq 平台进行下一步测序。总体流程如图 3-1-1 所示。

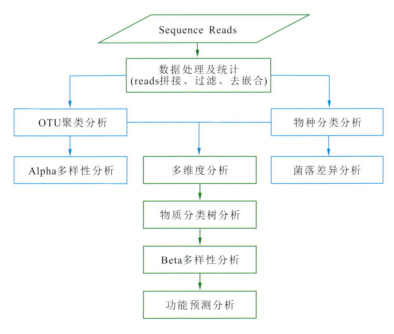

图 3-1-1 16S rRNA 微生物测序分析步骤

3.2 数据处理

3.2.1 原始序列数据

通过 Illumina Miseq™ 处理得出最初的原始图像数据,该原始文件再由 CASAVA 识别形成原始测序序列,通常也记为 Raw Data 或 Raw Reads。Raw Reads 的结果包含 reads 的序列信息以及其测序质量信息,将它们以 FASTQ(fq)的文件格式存储。

3.2.2 数据的预处理

Miseq 测序序列包括了 barcode 序列,同时也包括在测序分析过程使用的接头和引物序列信息。在数据的预处理过程中,首先删除接头和引物序列信息,然后以 PE reads 间的 overlap 关系为依据将配对的测序序列拼接成为一条完整的序列结构,随后再以 barcode 标签序列为基础判别并获得各个样本的数据信息,最后再分别对各个样本数据信息进行把控,通过样品质控过滤以获得最终各个样本的数据信息。在数据的预处理过程中,数据优化的方法和参数为:①去除 3′端测序引物接头;②以 PE reads 之间的 overlap 关系为依据,将成对的测序序列拼成一条完整序列;③以各个样本 barcode 序列为依据,在融合后序列数据分离各个样本序列数据;④删除各个样本序列数据尾端质量值在 20 以下的碱基;⑤删除序列数据中含 N 部分的组成,并过滤其中长度阈值 200bp 的短序列;⑥针对低复杂度的测序序列做过滤处理。

3.2.3 切除嵌合体和非特异性扩增序列

在聚合酶链式反应过程中,会由于延伸不完全形成部分不完整的扩增产物。此类不完整的产物数据将在下一轮的扩增过程与测序信息相似的同源模板退火,进而形成另一种模板的序列,由此合成一种杂合基因片段。上述过程形成的序列片段称为嵌合体,其间也会得到非特异性扩增序列。为了保证后续序列信息的准确性,应该将非特异性扩增序列删除。

对序列信息预处理后,以 Usearch 切除序列数据的非扩增区域,再对该序列做测序错误校正处理及嵌合体的鉴定识别。然后,将此序列信息与数据库代表性序列做同源性数据对比,将低于阈值的对比产生的序列当作靶区域外序列,最后将此部分序列数据删除。

3.2.4 数据过滤

数据过滤处理过程中,将剩余高质量的 Clean Data 用于后续处理;通过序列信息间的 overlap 关系将该序列拼接形成 Tags;利用此 Tags 聚类形成 OTU(Operational Taxonomic Units)并与数据库的序列信息进行对比并做相应的物种注释;以得到的 OTU 与注释分析为基础做物种复杂分析处理、组间物种差异分析处理、模型预测及关联分析。其间,为得到 Clean Data,对原始的测序结果做进一步处理,具体步骤为:①以 25bp 为窗口阈值,对序列中的后端碱基进行取舍处理;②以 15bp 为 overlap,设置允许错配数为 3,进行接头处被污染的序列的切除;③去除含 N 的信息序列;④通过 barcode 和引物判别,去除连续碱基长度大于 10 的低复杂度信息序列。

3.2.5 数据 Tags 连接

使用软件 FLASH(Fast Length Adjustment of Short reads,v1.2.11)对样品序列数据做拼接处理,以重叠关系为依据将双末端测序生成的配对序列拼成完整序列,从而获得高变区的 Tags。拼接的条件:最小匹配长度为 15bp、重叠区域允许错配率为 0.1。

3.3 OTU 聚类及多样性分析

3.3.1 OTU 聚类与分析

在生物系统群体分子遗传过程中,我们将每个分类单元设置的同一标志称作 OTU 以便理解。为达到分析某一样品测序信息中的生物分类等数据信息,对测序序列做归类操作分析必不可少。将多条序列信息根据相互序列间的距离来对它们进行聚类分析,进而以序列间的相似性为依据将测序序列区分为不同的分类单元即为 OTU 聚类分析。样品中微生物 OTU 聚类统计分析一般在 97% 的相似水平下进行,一般选择丰度最高的测序序列作为代表序列。将拼接好的 Tags 聚类为 OTU,软件为 USEARCH(v7.0.1090)。OTU 聚类分析的主要过程为:①在 97% 相似度下利用 UPARSE 做聚类分析处理,获得 OTU 代表序列;②将聚合酶链式反应扩增产出的嵌合体从 OTU 代表序列信息中剪切掉;③用 OTU 代表序列信息对比所有 Tags,获得各个样品的 OTU 丰度。

3.3.2　物种组成分析

根据微生物群落结构分布、分类结果,将得到某一个或多个样品在各分类水平上的比对情况。类似的生物分类结果包括所需要研究的样品中具体存在的微生物种类,以及该样品中各微生物的序列数量,也就是所要得到的各微生物的相对丰度。

将微生物测序序列做物种分类分析,并对各样本中的每个微生物类型分类做序列数据丰度计算,得到每个样本的物种分类单元与序列丰度矩阵,利用统计学分析方法对研究的样品在不同微生物分类单元上的物种组成进行统计。多个样品的群落结构同时做物种组成分析时还可以获取其间的比对情况,以研究对象是单个或多个样品的差异,所呈现的方式也会出现差异。一般情况下以柱状图的形式可以做到较为直观呈现物种分类与比例分布,反映样品间生物种类的组成差异与变化情况。微生物物种群落的呈现在微生物序列达到要求的前提下,可以在界、门、纲、目、科、属、种任一微生物水平上进行。这里,以 RDP classifier 贝叶斯算法为依据对 OTU 代表序列数据做微生物分类对比,从而获取每个 OTU 对应的微生物种类信息,通过与数据库信息对比进行 OTU 物种分类,在任一微生物分类水平上对比分析出各个样本的生物种类组成并绘制各个样品的物种丰度柱状图。

3.3.3　OTU Rank 曲线

为了表现样品中微生物的多样性,这里运用 OTU Rank 曲线的形式。OTU Rank 曲线的优点在于它既可以展示样品中微生物的均匀程度又可以呈现生物的丰富程度。具体方法为:计算出各个样品中每种 OTU 的相对数量值,再将其数量做统计处理并排序,以 OTU 的等级作为横坐标,以 OTU 的数量值作为纵坐标。

对样品中微生物的序列信息做随机抽样,用随机抽样得到的序列数与其对应的 OTU 丰度绘制的曲线就是稀释曲线。通常情况下可用稀释曲线来对比序列数据信息量有差异的样品微生物的丰度,当然也可利用其检验样品序列数据信息的准确性和合理性。样品序列数据信息较为准确合理时,稀释曲线便趋于平坦,额外的序列信息数据将会产生少许新 OTU,反之说明进一步测序还会出现更多新 OTU。这里,我们以 97% 相似度的 OTU,运用 Mothur 和 R 方法进行稀释曲线绘制与研究分析。

3.3.4　单个样品多样性分析

对研究区单个水样的微生物多样性的研究分析利用 Alpha 多样性,它包含了 Ace 指数、Chao 指数、Shannon 指数、Simpson 指数、Observed species 指数和 Good - coverage 指数几种指数依据,可反映样品中微生物种类丰度。除了 Simpson 和 Good - coverage 指数外,其他几种指数值越大表明样品中微生物物种越多。

Ace 指数、Chao 指数、Observed species 指数是用来反映样品中微生物群落种类的丰富程度,也就是它们只能代表样品生物物种的数量并不能反映出各个物种的丰度大小。它们所对应的稀释曲线还能用来表征样品序列信息数据是否满足要求,即其稀释曲线趋于平缓则可通常认为测序的深度已经几乎达到覆盖样品中所有物种的基本要求,否则则代表样品中微生物群落物种多样性高,有部分生物物种还没有被测到。

Shannon 指数和 Simpson 指数是表征微生物物种多样性的两个参数,这两个指数的数值则表示了样品中生物物种均匀程度和丰富程度。在具有一致的微生物物种丰富程度的前提下,样品中微生物物种的均匀程度越好,则表明了其中的微生物物种的多样性越丰富。

Good-coverage 指数用来表示样品文库的覆盖程度,其数值越大说明样品中的生物测序序列还未被检测出的概率越低。也可以将这一指数看作是用来表现生物测序数据能否真实地反映出样品中微生物物种多样性的情况。

因此,研究目标环境中微生物的多样性可以通过样品的 Alpha 多样性来进行分析,即通过一系列指数工具来估算目标环境微生物种群的多样性和丰度值。

Chao 1 是微生物生态学中估算生物物种总数的常见方法,在 Chao 指数计算的数学关系式中,以 Chao 1 来预估样品中微生物所包括的 OTU 数目,数学表达公式如下:

$$S_{Chao\,1} = S_{obs} + \frac{n_1(n_1-1)}{2(n_2+1)}$$

式中,$S_{Chao\,1}$ 是估算的 OTU 数目;S_{obs} 是实际被观测的 OTU 数目;n_1 是包含一条序列的 OTU 数目;n_2 是包含两条序列的 OTU 数目。

Ace 指数也经常用于评估生态系统微生物的 OTU 数目,它的计算原理与 Chao 1 的算法略显不同。其数学表达公式如下:

$$S_{ACE} = S_{abund} + \frac{S_{rare}}{C_{ACE}} + \frac{n_1}{C_{ACE}} \gamma_{ACE}^2$$

其中,

$$N_{rare} = \sum_{i=1}^{abund} i n_i, \quad C_{ACE} = 1 - \frac{n_1}{N_{rare}},$$

$$\gamma_{ACE}^2 = \max\left[\frac{S_{rare}}{C_{ACE}} \frac{\sum_{i=1}^{abund} i(i-1)n_i}{N_{rare}(N_{rare}-1)} - 1, 0\right],$$

$$\gamma_{ACE}^2 = \max\left\{\gamma_{ACE}^2 \left[1 + \frac{N_{rare}(1-C_{ACE})\sum_{i=1}^{abund} i(i-1)n_i}{N_{rare}(N_{rare}-C_{ACE})}\right], 0\right\}$$

式中,n_i 是包含 i 条序列的 OTU 数目;S_{rare} 是包含"abund"或者少于"abund"条序列的 OTU 数目;S_{abund} 是多于"abund"条序列的 OTU 数目;abund 是优势 OTU 的阈值,默认为 10。

Shannon 多样性指数是用于评估目标样品中微生物物种多样性的重要指标。Shannon 指数通常与 Simpson 指数一同表征 Alpha 多样性指数。其数值越大,则目标样品中微生物群落多样性越丰富。数学表达公式如下:

$$H_{\text{shannon}} = -\sum_{i=1}^{S_{\text{obs}}} \frac{n_i}{N} \ln \frac{n_i}{N}$$

式中，S_{obs} 是实际被观测的 OTU 数目；n_i 是第 i 个 OTU 覆盖的序列数目；N 是所有个体序列总数量。

同样，Simpson 多样性指数也常被用于评价目标样品中微生物物种多样性。其数值越大，则微生物群落多样性越贫乏。数学表达公式如下：

$$D_{\text{Simpson}} = \frac{\sum_{i=1}^{S_{\text{obs}}} n_i(n_i-1)}{N(N-1)}$$

式中，S_{obs} 是实际被观测的 OTU 数目；n_i 是第 i 个 OTU 覆盖的测序序列数目；N 是所有个体序列总数量。

Coverage 指数用来衡量各个样品文库的覆盖程度，Coverage 指数数值越大，说明目标样本的生物序列信息还未被检测的概率越低。它可以用来表示所测序列的数据能否代表目标样品的可靠与真实程度。数学表达公式如下：

$$C = 1 - \frac{n_1}{N}$$

式中，n_1 是包含一条序列的 OTU 数目；N 是所有个体序列总数。

3.3.5 多样性矩阵热图

在利用 Beta 多样性数据来反映目标样品多样性程度时，一般通过矩阵热图的形式将 Beta 多样性做可视化处理。热图可以通过颜色近似程度来直观地表达样本之间的多样性距离程度或相似程度。通常图形呈现出来的颜色就代表距离值或相似度，红色特征越明显说明样本之间的距离越近或相似度越高，而蓝色特征越明显表示样本之间的距离越远或相似度越低。

3.4 微生物群落与环境因素的相关性分析

RDA 和 CCA 是以多元回归分析和对应分析为基础应运而生的一种相关性分析，在计算过程中和环境因子做回归处理，所以也被叫做多元直接梯度分析。在生态系统的研究中，RDA 和 CCA 常用来分析微生物群落和环境因子之间的相关性。以线性模型为基础的是 RDA 分析，而以单峰模型为基础的是 CCA 分析，它们都能分析目标样品、环境因子、群落特征三者之间的关系或两两之间的关系。首先，RDA 和 CCA 分析模型以 97% 相似度的 OTU 做 DCA 分析，然后对比分析结果中第一轴梯度的长度值，再根据这一长度值判断选择 CCA 还是 RDA 分析。若第一轴梯度的长度值大于 4.0 选择 CCA，若这一长度值介于 3.0 与 4.0

之间选择 RDA 和 CCA 都能达到要求,若此长度值小于 3.0 则选择 RDA 比较合适。

作为煤层、地下水和煤层气三相体共同存在的生物系统,煤层水存在着碱度、盐度和 pH 等环境因素的变化。这些对系统内微生物产生影响的环境因素的梯度变化恰好成为研究该系统内微生物对环境响应的客观条件。传统的研究方法所能提供的原位煤储层水中的线索有限,此外在研究区内微生物与环境因素的关联性也很少被提到(Wrighton et al.,2012)。某一环境因素可能对某些类型生物种类的代谢产生决定性作用,例如地表污染物或营养物随着煤层露头的流入可能扰乱原本煤层水系统中的微生物群落,因为这些营养元素会对生物的代谢增长产生显著影响。因此,本书采用非培养的原位样品检测方法对研究该区域生态系统内微生物的丰度分布模式与环境适应特性的关系以及环境因素所发挥的环境生态功能至关重要(Welte,2016)。

本书以 16S rRNA 生物测序入手,运用生物信息和统计方法对柿庄南区块煤储层水系统内的微生物多样性分布及影响它的环境因素进行阐述。对微生物与环境影响因子的 RDA 相关性分析如图 3-4-1 所示,横轴与纵轴分别代表了总变异的 63.9% 和 16.7%。根据 RDA 做生物群落与相关环境因素的相关性分析研究,结果显示,多种相互独立的环境因素在不同程度上都会对微生物的结构分布与群落丰度产生一定影响。而其中碱度和盐度作为重要的环境因素对微生物群落的影响不容忽视(Netzer et al.,2016)。变形菌(Pro-

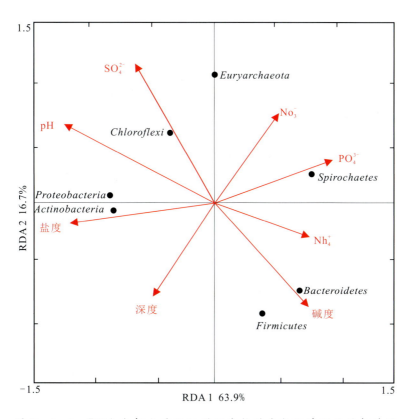

图 3-4-1　RDA 分析主要门级别微生物种类与环境因子的相关性

teobacteria)与放线菌(Actinobacteria)的丰度都不同程度受到盐度的影响。在研究区煤储层水环境中,拟杆菌(Bacteroidetes)和厚壁菌(Firmicutes)的丰度与碱度也呈现一定的正相关关系,螺旋菌(Spirochaetes)的丰度随PO_4^{3-}的浓度的增长而增长。另外,与氮元素有关的营养物质(NH_4^+或NO_3^-)的浓度也是生物群落变化的主要环境影响因素。相对于一些在影响因素相对单一变化的环境中,这里的煤层水系统环境的复杂性使得对微生物显著影响的因素可能由于被其他因素影响而弱化。

煤储层的地球化学特征,特别是SO_4^{2-}的浓度,被认为在煤的生物降解、硫酸盐还原和甲烷生成中起主导作用。值得注意的是,某些底物会被产甲烷菌和硫酸盐还原菌争相利用(Mayumi et al.,2016)。在相对开放或氧化条件下,硫酸盐还原菌较产甲烷菌优先利用这些底物(Zheng et al.,2014)。而在相对还原的环境中,即氧化剂SO_4^{2-}被逐渐消耗的环境中,产甲烷菌逐渐变得活跃,开始进行甲烷生成作用。先前研究结论表明,在SO_4^{2-}浓度低于1mmol/L的情况下,产甲烷菌的代谢活性是活跃的(Khelifi et al.,2014)。在某些特定环境中,产甲烷菌可能在SO_4^{2-}浓度高达10mmol/L的河口沉积物中存活(Schweitzer et al.,2019)。根据研究区的地球化学和微生物学研究结果得出,硫酸盐还原菌和产甲烷菌可以共存于研究区煤储层水环境中。然而,SO_4^{2-}浓度水平在一定程度上会影响硫酸盐还原菌和产甲烷菌之间的生存状态,因为它们有共同可利用的竞争性底物。例如,硫酸盐还原菌与产甲烷菌间存在争夺底物的竞争关系,高浓度的SO_4^{2-}浓度会削弱产甲烷菌的代谢活性使其在争夺底物关系中处于劣势(Ma et al.,2017)。

已经发现并研究的硫酸盐还原菌大都属于变形菌(Proteobacteria),它能够降解萘或其他芳香烃,硫酸盐还原菌的丰度变化与SO_4^{2-}浓度也密切相关(Sela et al.,2017)。在变形菌(Proteobacteria)中检测到常见的硫酸盐还原菌,即脱硫弧菌(Desulfovibrio)。因为氧化还原环境在不同位置的煤层气储层中有变化,所以在这里以RDA对区内微生物群落与环境因素进行相关性分析。如图3-4-2所示,横纵轴代表总变异的49.6%和32.5%,SO_4^{2-}浓度成为研究区对主要硫酸盐还原菌有明显影响的环境因素。脱硫弧菌(Desulfovibrio)可以为产甲烷菌提供氢,但产甲烷菌没有降解能力。因此,煤储层水环境中的硫酸盐还原菌与产甲烷菌同时具有竞争和合作的关系。

有多种细菌在复杂有机物的生物降解和发酵过程中为产甲烷菌提供可用简单底物发挥重要作用。柿庄南区块3号煤层属无烟煤,富含结构较致密的复杂芳香族化合物,不易生物降解。而煤储层微生物群落同样具备就地降解煤大分子的能力。噬氢菌属(Hydrogenophaga)是一种典型的兼性自养菌,具备固定二氧化碳的能力,同时也可以利用氢进行代谢。作为典型的甲烷氧化菌,甲基单胞菌(Methylomonas)的代谢可能导致消耗大量甲基群,限制了甲基营养型产甲烷菌的代谢活性。不动杆菌(Acinetobacter)可以降解多种芳香族化合物,并产生已知的生物表面活性剂,以有氧运动的方式在煤中建立微生物附着表面。作为一种反硝化菌,假单胞菌(Pseudomonas)在脂肪族或芳香族碳氢化合物的降解中具有重要作用。氯单胞菌属(Pseudomonas)参与了多环芳香化合物的降解,在厌氧条件下通过硝酸盐还原产出乙酸。此外，产乙酸菌也可以利用硝酸盐作为氧化剂来水解甲苯等。拟杆菌（*Bacteroides*）可以利用厌氧代谢来发酵聚合物和中间体产生氨基酸、甘油和脂肪酸等。

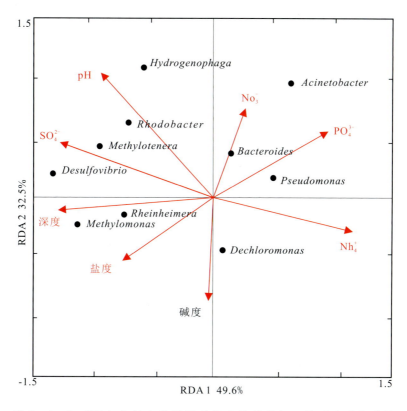

图 3-4-2　RDA 分析主要属级别微生物种类与环境因子的相关性

3.5　研究区微生物群落功能预测网络

运用某一生态系统的网络图可以形象展现多种物种的丰度情况，以不同颜色代表不同物种测序信息，微生物的种群类型用交叉节点来表示，物种丰度则体现在交叉节点的面积大小。当节点是物种时，采用门、纲、目、科和属分类信息进行绘图。在做分析时选取 OTU 或物种丰度大于 1% 或丰度排序在前 100 位的 OTU 或物种进行研究。绘图时选取具有显著联系（weight≥100）的节点绘制。使用 QIIME 进行网络分析，并使用 R 的 igraph package 进行绘图。

相关性分析常被用来判断不同物种之间的相关关系，即评价出微生物群落之间的强相关、正相关和负相关等各类关系。常选择生物物种丰度高于 1% 或丰度排序在前 100 位的 OTU 或物种信息做双侧检验。使用 SparCC 计算群落 OTU 间的相关性系数和 p 值，并使用 R 的 igraph package 绘制网络图,corrplot package 绘制相关矩阵图。

随着分子生物技术的不断发展与更新,我们对某些复杂生态环境系统中的生物群落又有了新的认识与理解。在生物测序技术发展的基础上,结合信息工程学、生物分子学、数理统计学便可较为充分和全面地了解微生物群落的复杂性及多样性,但却忽略了生物相互之间的关联和这些微生物群落与环境之间的联系及呼应。然而,这些微生物间的共存关系对我们描述和研究生态系统内部的互动关系、演化模式至关重要。

网络式分析方法已经普遍应用于各个学科中,它为分析复杂环境下各个因素间的联系提供了可能。不同个体之间点与点、线与线的信息结构有利于我们全面而系统地分析某一生态系统中微生物群落分布模式与功能特征。

在微生物领域已经把网络分析的方法用于海洋、淡水和一些沉积物中,研究表明在门级别的微生物群落间有着较强的联系,但这一研究在煤储层及煤层水中较为少见。研究区柿庄南区块存在数量众多的可被生物利用的煤的有机物质,以及煤层露头部分可接受大气降水与地表水的补给,其中的营养盐可能掺杂人类生产生活的污染物排泄。所以,在煤储层地下水生态系统中,微生物的代谢对于这些有机质和污染物的降解起重要作用,某些优势生物群落在特定生态系统中的协同作用或者拮抗关系更揭示了沉积环境中物质循环与地球化学的根本。本书利用 16S rRNA 生物测序,基于研究区地下煤层水生态系统中生物种群网络关系对其共存模式进行研究,得到微生物群落功能类型网络关系如图 3-5-1 所示。

例如,δ-变形菌(δ-Proteobacteria)与同级别变形菌不同,其内部的平均度较低,而存在单一的外部关联。在 δ-变形菌(δ-Proteobacteria)内部也存在着关联关系,其他变形菌则与外部存在普遍联系。同样,拟杆菌(Bacteroidetes)也分布于各簇中,说明其与各门级别都存在不同程度的联系,与该生态系统的生物地球化学循环也有着千丝万缕的联系。

将已知的生物按级别和功能分类,划分已知微生物的代谢功能及微生物间的耦合作用,为厘清生物地球化学循环模式提供前提。硫酸盐还原菌之间、硫酸盐还原菌与硫氧化菌之间以及硫酸盐还原菌与亚硝酸盐氧化菌之间显著正相关。此外还存在氮固定菌与硝化菌的耦合关系。

对研究区煤储层水微生物种群间的网络分析表明,同一级别划分内的微生物类型常存在着较强的相互联系及生存策略,但也存在不同门级别内的生物群落间的较强联系,这就包括生物间潜在的协同或者拮抗联系。在研究区内,各个门级别内的微生物多数存在正相关关系,例如放线菌门(Actinobacteria)和厚壁菌门(Firmicutes)是沉积物中常见的微生物群落类型,其门内的生物类型均有着较强联系,可以推测其他生物在门的级别内同样有其代谢特征。也有一些如拟杆菌门(Bacteroidetes)生物类型与其他菌门有着广泛联系。根据以往研究,在大多数煤储层环境中,厚壁菌门(Firmicutes)具备脱甲基芳香烃和降解大分子及中间体的能力;拟杆菌门(Bacteroidetes)具有生物分解蛋白质、纤维素和多糖等物质的作用;放线菌门(Actinbacteria)常见于煤层水和污水厂污泥中,是一种能够利用脂类物质的丝状菌(Weelink et al.,2010)。煤中有机质的分解可以为异养微生物提供代谢活动必备的能量来

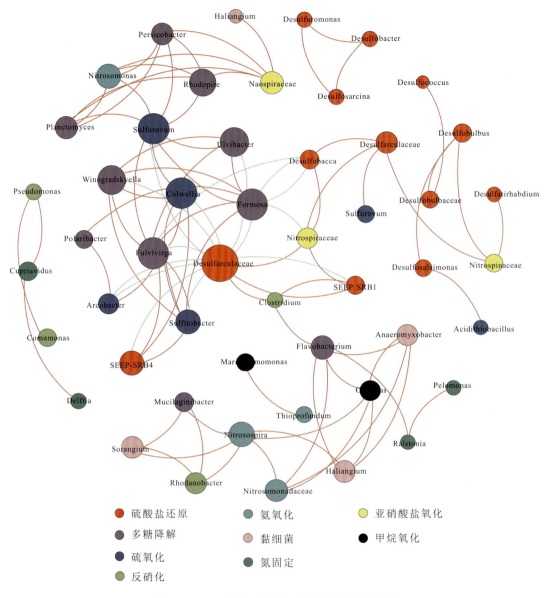

图 3-5-1 微生物群落功能类型网络关系

源，因此此类自养微生物在沉积物生物系统中具有不可替代的作用。

沉积物中有机质是生态系统的物质与能量来源基础，而其中的生物群落是物质循环与地球化学作用的主要执行者，所以探究这一系列不同类型微生物间代谢与功能联系有助于厘清该生物环境中的地球化学循环机理。例如，硫酸盐还原菌与硫氧化菌具协同关系，δ-变形菌（δ-Proteobacteria）和 γ-变形菌（γ-Proteobacteria）是沉积物中的优势微生物菌群类型。硫氧化菌可以分属于 δ-变形菌（δ-Proteobacteria）、γ-变形菌（γ-Proteobacteria）和

ε-变形菌(ε-*Proteobacteria*),说明多种生物分类具备硫氧化等代谢功能(Rockne et al.,2000)。而这几种类型微生物间的硫氧化作用与硫酸盐还原的耦合作用也说明此类耦合作用并不局限于某几种生物类型中。类似还存在硫循环与氮循环微生物耦合协同作用及氮循环内不同作用的耦合。

4 柿庄南煤储层水地球化学与硫酸盐剖面

4.1 柿庄南煤储层水地球化学特征

煤层气井排出的水大多来自产出煤层气的煤储层。煤层气共生水的地球化学组成分析是了解煤储层水演化过程和水岩相互作用的必要条件(Moore,2012)。煤层气共生水通常含有几种重要离子,其中 Na^+、K^+、Ca^{2+}、Mg^{2+}、Cl^-、HCO_3^-、CO_3^{2-} 和 SO_4^{2-} 占地下水溶质总量的绝大部分(Owen et al.,2015)。通常,浅部煤层水(即受到大气降水和地表水补给的径流区)有较高的 Ca^{2+}、Mg^{2+} 和 SO_4^{2-} 含量,以及较低的 Na^+、K^+ 和 HCO_3^- 含量,而深部煤层水(即滞留区)往往有着较低的 Ca^{2+}、Mg^{2+} 和 SO_4^{2-} 含量,以及较高的 Na^+、K^+ 和 HCO_3^- 含量,全球几个重要煤层气储层生产区如 Surat 盆地和 Powder River 盆地的煤储层离子分布呈现类似规律(Pashin et al.,2014;Huang et al.,2017)。

不同微生物群落的生物活动利用多种底物进行代谢,这涉及到多项地球化学循环。大多数产甲烷菌属于古菌,产甲烷菌的代谢需要在厌氧环境才得以进行,它们的代谢活动可能是 35 亿年前地球上最早的能量代谢形式(Papendick et al.,2011)。硫酸盐还原菌是控制甲烷氧化的主要微生物类型,越来越多的证据证实了它们在全球碳和硫循环中的重要性。在海洋和湖泊沉积物中发现了大量的甲烷氧化菌与硫酸盐还原菌(Hinrichs et al.,1999)。据估计,全球绝大部分的甲烷被甲烷厌氧氧化消耗掉(Luo et al.,2016)。沁水盆地南部柿庄南煤层气开发区块作为中国煤层气商业勘探开发的典型区块,已经分布了多于 1500 口煤层气生产井。研究区地质结构和水文条件适合煤层气的存储,储层氧化还原条件明显有利于各种微生物的生长。

全球重要的煤层气储层研究表明,大气降水补给和地表水的大量注入也引入和激发了浅层煤储层微生物群落,使煤储层水系统成为研究生物地球化学作用的理想场所。在煤储层水中,大气降水和有机物质的注入使系统具有丰富的微生物群落(Guo et al.,2015)。因此,基于煤储层生物地球化学特征的微生物分析是理解微生物与环境关系的基础。在沁水盆地柿庄南区块一次性采集水样,对煤层气采出水中稳定的同位素组成、主要离子成分进行分析。煤层气井采出水全部来自 3 号煤层,采样点分布大致形成北(Ⅰ)、中西部(Ⅱ)两条线,如图 4-1-1 所示。

直接从煤层气井口采用于离子和同位素分析的水样,装在 5L 的容量瓶里。在收集过程

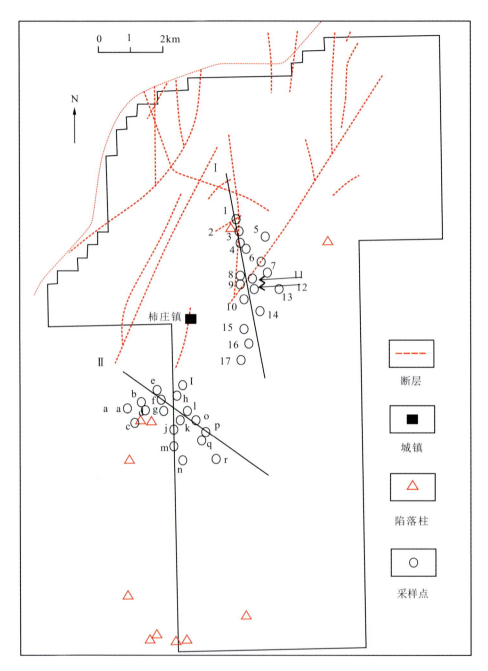

图 4-1-1 柿庄南区块两条采样线（Ⅰ和Ⅱ）上的采样点分布

中,将整个瓶子装满水样,然后立即盖上盖子。将用于 16S rRNA 测序的水样用 50mL 离心管按照相同的方法采集。为了避免排水管道残留水的影响,采集煤层气井出水量较大的水样。柿庄南区块煤层气井采出水的主要离子浓度结果如表 4-1-1 所示。

表 4-1-1　柿庄南煤层气井采出水样的主要溶解离子与水头高度(H)数据

井号	Cl^- / (mg·L^{-1})	CO_3^{2-} / (mg·L^{-1})	HCO_3^- / (mg·L^{-1})	$Na^+(K^+)$ / (mg·L^{-1})	SO_4^{2-} / (mg·L^{-1})	Ca^{2+} / (mg·L^{-1})	Mg^{2+} / (mg·L^{-1})	H/m
1	54.17	19.22	573.56	262.56	0.00	2.02	0.61	527
2	157.50	21.49	536.81	321.92	1.50	2.20	0.60	604
3	112.19	31.20	656.55	335.91	0.28	1.73	0.94	609
4	220.88	60.01	905.50	528.13	0.33	2.00	1.00	667
5	193.57	33.62	873.77	479.78	3.40	2.37	0.86	685
6	201.75	21.60	490.58	337.27	5.04	2.74	0.89	689
7	182.50	30.83	312.71	257.12	9.10	3.20	1.10	697
8	78.11	46.10	396.52	240.93	12.60	2.40	2.90	709
9	329.92	40.47	426.32	404.42	11.90	4.10	0.24	710
10	94.31	17.60	466.81	257.83	13.90	3.80	4.40	716
11	167.27	72.01	827.39	476.41	1.05	1.54	2.51	724
12	52.04	31.10	986.02	422.94	13.60	4.21	2.20	725
13	79.21	28.52	713.34	338.92	17.20	3.80	3.80	734
14	230.11	19.00	735.43	440.51	12.60	3.80	3.50	735
15	141.32	47.53	231.61	216.82	18.10	3.00	4.00	743
16	155.31	28.02	282.82	236.32	18.90	2.30	2.93	749
17	158.31	47.10	867.32	461.31	12.80	2.90	3.90	755
a	81.34	38.41	588.21	299.18	0.00	2.57	0.61	483
b	55.99	60.03	378.31	223.59	0.43	1.23	1.66	511
c	55.91	12.02	683.39	298.37	0.00	2.17	0.82	613
d	144.41	39.45	1 005.42	329.12	0.60	2.80	0.73	614
e	109.75	33.61	746.85	374.55	0.31	2.27	1.27	670
f	39.03	26.40	722.44	316.31	0.56	1.83	1.69	673
g	81.77	40.81	690.72	341.93	0.30	2.06	0.72	676
h	205.50	39.30	690.04	419.71	1.90	1.90	1.40	677
i	80.24	24.02	368.54	208.94	7.62	1.92	1.54	701
j	433.52	57.30	878.22	652.32	7.50	4.20	0.92	709
k	88.61	32.13	609.63	312.62	10.40	2.30	3.50	740
l	294.12	10.80	637.62	285.43	9.50	3.60	6.01	743
m	112.71	68.75	540.60	325.22	7.90	2.90	3.50	750
n	186.14	28.40	692.71	400.61	11.50	4.42	3.60	757
o	129.62	28.45	552.31	310.42	10.30	2.10	3.40	767
p	738.07	50.12	594.92	736.33	13.60	3.00	3.00	774
q	226.91	13.50	767.03	478.51	10.30	1.70	6.90	777
r	78.52	0.01	856.61	368.53	12.40	3.80	3.20	779

对柿庄南区块煤层气井产出水一次性采集样品并做地球化学与微生物测序分析,煤层气井采出水中$Na^+(K^+)$浓度为208.94~736.30mg/L,平均浓度为362.87mg/L,Cl^-浓度为39.03~738.00mg/L,平均浓度为176.41mg/L。主要水离子的毫克当量已被用来确定主要离子的来源和水文地球化学过程,矿物的溶解也控制了煤层气储层水的化学组成。同样,阳离子交换程度也会影响地下水的地球化学变化。

钠盐和钾盐的岩溶作用是煤储层水中Na^+和K^+的主要来源。此外,斜长石钠和斜长石钾等硅酸盐风化会释放Na^+和K^+。除矿物溶解外,Ca^{2+}(Mg^{2+})与Na^+或K^+间的阳离子交换等二次过程可以通过减少Ca^{2+}或Mg^{2+}来增加Na^+和K^+的含量(Guo et al.,2014)。

如图4-1-2(a)所示,煤储层水中更高的Na^+和K^+和与Cl^-毫克当量的比值表明岩盐、钾盐不是Na^+或K^+的唯一来源,硅酸盐风化作用和离子交换也可能是重要来源(Jiang et al.,2010)。

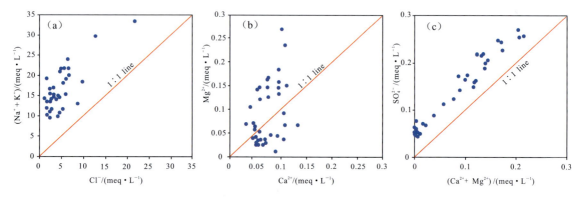

图4-1-2 柿庄南储层水化学特征

Ca^{2+}、Mg^{2+}、HCO_3^-和SO_4^{2-}来源于碳酸盐、硅酸盐和石膏的溶解作用(Wang et al.,2010)。近地表硫化物矿物如黄铁矿的氧化可能增加煤储层水中SO_4^{2-}的含量,其化学反应式如下:

$$4FeS_2 + 15O_2 + 14H_2O \longrightarrow 4Fe(OH)_3 + 16H^+ + 8SO_4^{2-} \qquad (4-1-1)$$

式(4-1-1)所描述的反应导致了煤储层水中H^+和SO_4^{2-}浓度的增加。此外,H^+与方解石、白云石和硅酸盐发生反应,释放Ca^{2+}、Mg^{2+}和HCO_3^-,其化学反应式如下:

$$CaCO_3(方解石) + H^+ \longrightarrow Ca^{2+} + HCO_3^- \qquad (4-1-2)$$

$$CaMg(CO_3)_2(白云石) + 2H^+ \longrightarrow Ca^{2+} + Mg^{2+} + 2HCO_3^- \qquad (4-1-3)$$

$$CaAl_2Si_2O_8(钙长石) + 2H^+ + H_2O \longrightarrow Ca^{2+} + Al_2Si_2O_5(OH)_4(高岭石) \qquad (4-1-4)$$

$$2NaAlSi_3O_8(钠长石) + 2H^+ + 9H_2O \longrightarrow 2Na^+ + 4H_4SiO_4 + Al_2Si_2O_5(OH)_4(高岭石) \qquad (4-1-5)$$

煤层气井采出水中 Ca^{2+} 浓度范围为 $1.23\sim4.42mg/L$，平均为 $2.71mg/L$。Mg^{2+} 浓度范围为 $0.20\sim6.90mg/L$，平均为 $2.31mg/L$。在煤储层水中，Ca^{2+} 与 Mg^{2+} 毫克当量比值主要受水岩相互作用控制。当 Ca^{2+} 与 Mg^{2+} 的毫克当量比值接近 1 时，说明白云岩风化作用是煤储层 Ca^{2+} 与 Mg^{2+} 的主要来源。而当毫克当量 Ca^{2+} 与 Mg^{2+} 比值大于 1 时，表明方解石溶解更多；该比值大于 2 时，表明硅酸盐溶解已经发生(Gao et al.，2013)。在研究区，毫克当量 Ca^{2+} 与 Mg^{2+} 比值之间存在明显的正相关关系，说明方解石与白云石同时发生溶解，如图 4-1-2(b) 所示。

此外，石膏的溶解同样释放 Ca^{2+}、Mg^{2+} 和 SO_4^{2-}，其化学反应式如下：

$$Ca_xMg_{1-x}SO_4 \cdot 2H_2O \longrightarrow xCa^{2+} + (1-x)Mg^{2+} + SO_4^{2-} + 2H_2O \quad (4-1-6)$$

如果硬石膏或石膏的溶解也是煤储层中 Ca^{2+}、Mg^{2+} 和 SO_4^{2-} 的来源，则 Ca^{2+}、Mg^{2+} 之和与 SO_4^{2-} 的毫克当量比为 1:1 (Pashin et al.，2014)。如图 4-1-2(c) 所示，研究区 Ca^{2+} 与 Mg^{2+} 和与 SO_4^{2-} 呈正相关关系，表明 Ca^{2+}、Mg^{2+} 和 SO_4^{2-} 来源于硬石膏或石膏。然而，主要数据点落在 1:1 比值线之上，其他水岩反应如碳酸盐岩的溶解或沉淀、离子交换和生物地球化学也会影响水环境中的 Ca^{2+}、Mg^{2+} 和 SO_4^{2-} 的含量大小。

$(Ca^{2+}+Mg^{2+})-(SO_4^{2-}+HCO_3^-)$ 与 $(Na^++K^+)-Cl^-$ 摩尔比是判断阳离子交换过程是否发生的重要参数(Cai et al.，2011)。从图 4-1-3(a) 可以看出，研究区这一摩尔比值接近 -1，说明煤储层水中 $Na^+(K^+)$ 与 Ca^{2+} 或 Mg^{2+} 之间普遍存在阳离子交换。

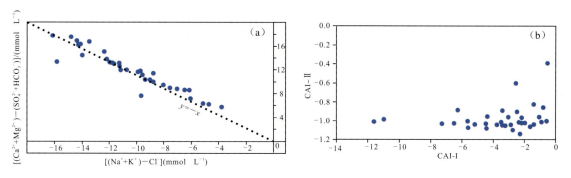

图 4-1-3　柿庄南区块储层水离子比值特征

$(Ca^{2+}+Mg^{2+})-(SO_4^{2-}+HCO_3^-)$ 与 $(Na^++K^+)-Cl^-$ 的摩尔比(a)与氯碱指数(b)

上述计算与分析证实了柿庄南区块地下水环境普遍存在阳离子交换作用，再用煤储层水化学演化过程中氯碱指数(CAI)量化了阳离子交换的方向和程度(Li et al.，2015)。CAI-1 和 CAI-2 的表达式如下：

$$CAI-1 = [Cl^- - (Na^+ + K^+)]/Cl^- \quad (4-1-7)$$

$$CAI-2 = [Cl^- - (Na^+ + K^+)]/[SO_4^{2-} + HCO_3^- + CO_3^{2-}] \quad (4-1-8)$$

离子浓度以 meq/L 为单位表示。当 CAI 值为正值时，$Na^+(K^+)$ 被认为与煤层水环境中 Ca^{2+} 和 Mg^{2+} 交换，而 CAI 值为负值时，则认为发生了相反的反应。而 CAI 的绝对值表示离子交换的程度。如图 4-1-3(b)所示,研究区域 CAI 的值为负,表明 Ca^{2+} 和 Mg^{2+} 从煤层水中被交换,更多的 $Na^+(K^+)$ 进入水溶液,其化学反应式如下:

$$2Na^+/K^+(煤) + Ca^{2+}(水) \Longleftrightarrow 2Na^+/K^+(水) + Ca^{2+}(煤) \quad (4-1-9)$$

$$2Na^+/K^+(煤) + Mg^{2+}(水) \Longleftrightarrow 2Na^+/K^+(水) + Mg^{2+}(煤) \quad (4-1-10)$$

4.2 沉积物水界面硫酸盐剖面形成机理

早在 20 世纪 30 年代微生物存在于地下深处就已经被证实。然而,不同沉积物水体是否是原核生物的适宜栖息地因不同采样点和技术表现出较大差异。在岩石、沉积物和水体中,都存在被广泛接受的促进碳、硫、氮营养循环的微生物构成(Hinrichs et al., 1999)。现有的研究表明,微生物的丰度和多样性与不同的生物地球化学环境相关。沉积物中气液相和固体沉积物组成受各种地质作用与生物地球化学的控制。沉积物中不稳定有机质的丰度驱动生物地球化学循环。可代谢有机物的埋藏通量促进微生物介导反应,并且依赖于氧化还原环境条件。沉积物孔隙流体组成演化是由环境或微生物反应控制,如硝酸盐、硫酸盐还原等(Luo et al., 2010)。

除了有机物硫酸盐还原,微生物驱动甲烷的厌氧氧化也有助于硫酸盐的消耗。海洋甲烷循环的最新研究进展表明,甲烷厌氧氧化由同养型甲烷氧化菌和硫酸盐还原菌的联合体完成。甲烷的厌氧氧化是一种重要的厌氧氧化过程,是促进碳循环的微生物作用,这为生态系统提供了能源。甲烷的厌氧氧化已经被当作反向生物甲烷生成进程,这一过程涉及到硫酸盐还原菌与甲烷氧化菌等微生物种类。蛋白质组学等生物基因组研究证明了产甲烷菌与甲烷氧化菌之间具有很强的系统发育联系(Hong et al., 2014)。甲烷厌氧氧化阻止了来自海洋沉积物中的甲烷向大气释放,明显减弱了温室气体对地球大气圈层的破坏,被厌氧氧化消耗的甲烷大约占海洋甲烷产量的 90% 以上,因此甲烷的厌氧氧化在全球碳循环中起着至关重要的作用。

在沉积物水界面中,硫酸盐甲烷过渡带表示一个氧化还原过渡界面,其中水中硫酸盐浓度逐渐减小,甲烷浓度在这一过渡带也相对较少(Komada et al., 2016)。硫酸盐和甲烷浓度下降归因于甲烷的厌氧氧化,由互养的甲烷氧化菌和硫酸盐还原菌的联合体完成,其化学反应式如下:

$$CH_4(aq) + SO_4^{2-} \longrightarrow HCO_3^- + HS^- + H_2O \quad (4-2-1)$$

甲烷厌氧氧化导致明显的硫化氢离子和碳酸氢根离子的富集,硫酸盐还原过程中产生的硫化氢最终以单质硫(S)、一硫化铁(FeS)、黄铁矿(FeS_2)和有机结合硫等形式存在,其中黄铁矿和有机结合硫是最为常见的硫存在类型。另外一部分硫化氢可能从沉积物中扩散出来,被氧化成硫酸盐或者分布在菌体周围(Luo et al., 2015)。

异化硫酸盐还原是细菌介导的代谢过程,有机物的矿化过程中硫酸盐做氧化剂被还原为硫化氢。硫酸盐还原涉及到硫从 +6 到 -2 的价态转变,即 8 个电子通过酶途径的净转移。几种中间价态硫化合物类型包括亚硫酸盐(SO_3^{2-})、四硫酸盐($S_4O_6^{2-}$)、硫代硫酸盐($S_2O_3^{2-}$)和单质硫(S)等已经在沉积物中被检测出。在细菌硫酸盐还原过程中,硫酸盐还原菌优先分解^{32}S—^{16}O键,而不是^{34}S—^{18}O键,因为断开^{32}S—^{16}O的键要比断开^{34}S—^{18}O的键需要的能量低。因此硫酸盐还原过程中较轻同位素^{32}S优先被消耗(Shen et al.,2001)。硫酸盐还原菌是严格的厌氧菌,只有在完全缺氧的情况下才会活跃起来。由于高的有机质负荷与硫酸盐通量,硫酸盐还原菌在沉积物表面附近活性最强。硫酸盐还原过程中的自由能产率(ΔG)取决于电子给体(底物)的性质,如醋酸盐、甲酸盐和氢等常见的底物分别有着各自不同的ΔG值(Zabel et al.,2001)。

甲烷动力学和甲烷厌氧氧化最终可以追溯到有机物降解过程。沉积物中有机质分解释放的能量是微生物代谢活动的主要能量来源,它以一种特征氧化还原顺序进行(Hoehler et al.,1998)。因为有机质和电子终端受体通常同时存在于沉积物水界面中,随着沉积物深度的增加,电子终端受体被消耗而变得越来越少(图4-2-1)。虽然氧化和还原区(带)的存在是沉积物水环境的普遍特征,它所覆盖的深度可能涉及数量级尺度为厘米级别到数百米的变化,这最终取决于相对反应强度和传输速率(Luo et al.,2014)。

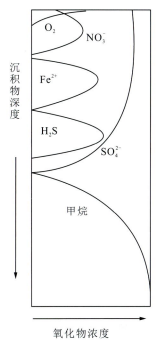

图4-2-1 几种主要氧化物的浓度剖面模型

微生物群落广泛参与甲烷厌氧氧化的过程,即通过甲烷氧化菌和硫酸盐还原菌两种微生物的共生关系所控制。甲烷厌氧氧化的反应中,硝酸盐和铁替代硫酸盐的情况也有报道。然而,在大多数海洋和陆地沉积物中,硫酸盐浓度要比其他电子终端受体高出几个数量级,即便在更深的自然环境系统也会有微生物的存在并进行代谢进程。尽管这样,最近的研究结果表明,硫酸盐还原可能是沉积物中甲烷厌氧氧化最主要的原因(Sharma et al.,2011)。

依据反应方程式浓度的经验速率方程,就硫酸盐厌氧氧化甲烷的初始反应过程,动力学模型是基于代谢反应中间体的详细描述,该模型可以进一步耦合细胞利用底物对微生物群落生长的促进作用(Schlegel et al.,2011)。这里利用描述硫酸盐厌氧氧化甲烷的宏观速率的最简单的表观表达式:

$$R_{AOM} = k \cdot [CH_4] \cdot [SO_4^{2-}] \qquad (4-2-2)$$

式中,k为表观速率常数;方括号表示浓度。

该式被广泛使用的一个原因就是它只涉及一个参数 k,而且水体中硫酸盐和甲烷的浓度剖面易得。

微生物介导氧化还原反应的双分子速率表达在沉积物中也有理论依据,特别是,它限制了反应的发生对沉积物中非零浓度区域的反应电子受体和电子给体的浓度重叠(Glossner et al.,2016)。

以酶作催化剂,微生物对底物的消耗符合饱和动力学,伴随反应底物浓度的增加,比如这里的甲烷和硫酸的浓度最终达到一个最大值 $v_{\max}$,这里也假设微生物量或酶浓度是不变的。并且此时,所有可用的酶都积极参与了基质转换,达到速率等于 $0.5v_{\max}$ 的底物浓度称为半饱和常数。K_m 是一种对特定酶的亲和力的测量,即 K_m 越低,亲和力越强(Schlegel et al.,2011)。该反应表达式如下:

$$R_{\text{AOM}} = v_{\max} \left[\frac{[\text{CH}_4]}{K_m^{\text{CH}_4} + [\text{CH}_4]} \right] \left[\frac{[\text{SO}_4^{2-}]}{K_m^{\text{SO}_4^{2-}} + [\text{SO}_4^{2-}]} \right] \quad (4-2-3)$$

当甲烷和硫酸盐的浓度为比它们各自的半饱和常数小得多,由式(4-2-2)和式(4-2-3)相等,可得到:

$$k = \frac{v_{\max}}{K_m^{\text{CH}_4} K_m^{\text{SO}_4^{2-}}} \quad (4-2-4)$$

依据前人实验结果表明,甲烷的 K_m 值比硫酸盐高得多。因此,该反应速率最终取决于硫酸盐的浓度。在推动甲烷厌氧氧化的过程中,微生物通过细胞内新陈代谢和三磷酸腺苷辅酶(ATP)的合成完成反应。然而,甲烷厌氧氧化只有在分解代谢产生能量时超过最小代谢阈值才能进行反应(Hakil et al.,2013)。甲烷厌氧氧化反应限制可以考虑通过的依赖热力学驱动力来限制生物能量反应,并最终取决于吉布斯自由能,其表达式如下:

$$R_{\text{AOM}} = v_{\max} \left(\frac{[\text{CH}_4]}{K_m^{\text{CH}_4} + [\text{CH}_4]} \right) \left(\frac{[\text{SO}_4^{2-}]}{K_m^{\text{SO}_4^{2-}} + [\text{SO}_4^{2-}]} \right) \left[1 - \exp\left(\frac{\Delta G_r + \Delta G_{\text{BQ}}}{\chi RT} \right) \right] = v_{\max} F_K F_T$$

$$(4-2-5)$$

式中,ΔG_r 是甲烷厌氧氧化反应的吉布斯自由能;ΔG_{BQ} 是维持ATP合成所需要的最低能量;χ 是反应的平均化学计量数;R 是气体常数;T 是绝对温度;F_K 和 F_T 是动力学和热力学驱动甲烷厌氧氧化的缩写。

根据式(4-2-5),χ 对应转移质子数量,即在细胞膜上转移的质子数,虽然对于大多数环境的分解代谢过程中它还没有直接确定,通常假设 χ 是每个公式反应的电子传递的电子数(Hong et al.,2014)。甲烷厌氧氧化反应可改写为如下反应:

$$\Delta G_r = \Delta G_r^0 + RT \ln \frac{[a_{\text{HS}^-}][a_{\text{HCO}_3^-}][a_{\text{H}_2\text{O}}]}{[a_{\text{CH}_4}][a_{\text{SO}_4^{2-}}]} \quad (4-2-6)$$

式中,a 是相应物质的活性;ΔG_r^0 是根据标准反应热力学性质计算得到的标准吉布斯自由能。

为了让甲烷厌氧氧化能够继续进行,$\Delta G_r + \Delta G_{\text{BQ}}$ 必须是负的。因为 ΔG_{BQ} 被定义为一个

正值，ΔG_r 绝对值必须大于 ΔG_{BQ}。因此，通过式（4-2-5）和式（4-2-6），反应产物的累加 R_{AOM} 在热力学动力学模型中限制吉布斯反应进行（Schlegel et al.，2011）。

甲烷厌氧氧化的吉布斯自由能在沉积环境的多样性意味着生物能量限制必须被充分考虑。ΔG_{BQ} 对于大肠杆菌每摩尔电子提供 15～20kJ 的能量，可以合成 1/4～1/3mol 的 ATP。微生物在自然环境中能够合成 ATP 进行代谢的能量产率远低于每摩尔 15～20kJ。生物所需的能量 ATP 本身可以随着温度、压力、pH、溶液组成和底物的限制而有所不同（Hong et al.，2014）。

在实验室培养中，目前还没有一种微生物能够单独催化甲烷的厌氧氧化。相比之下，一些研究表明该反应中甲烷氧化菌与硫酸盐还原菌之间的密切联系与联合作用。因此，一般认为是微生物群落耦合了甲烷氧化和硫酸盐还原反应，通过反应中间体如氢（H_2）、甲酸（$HCOO^-$）、醋酸（CH_3COO^-）的生产和消耗完成反应（Guo et al.，2015）。以 H_2 为例，甲烷厌氧氧化由下列一系列反应表示：

$$CH_{4(aq)} + 3H_2O \longrightarrow 4H_{2(aq)} + HCO_3^- + H^+ \quad (4-2-7)$$

$$SO_4^{2-} + 4H_{2(aq)} + H^+ \longrightarrow HS_{(aq)}^- + 4H_2O \quad (4-2-8)$$

热力学计算表明，甲烷只能是在较窄的压力、温度和溶液组成范围内被氧化为 H_2。然而，硫酸盐还原反应耦合 H_2 的氧化反应在很大热力学范围内都是有利的（Li et al.，2019）。

研究结果表明，尽管缺乏沉积物中活性中间体浓度数据，反应的驱动力（F_K）和生物能驱动力（F_T）为正。驱动力定义为：

$$F_K = \left(\frac{[CH_4]}{K_m^{CH_4} + [CH_4]} \right) \quad (4-2-9)$$

$$F_T = 1 - \exp\left(\frac{\Delta G_r + \Delta G_{BQ}}{\chi RT} \right) \quad (4-2-10)$$

在甲烷氧化深度区间即硫酸盐甲烷过渡带以上，因为甲烷浓度低，F_K 和 F_T 都下降到非常低的值。在甲烷深度范围内由于甲烷的积聚，F_K 的值很高，反应物氢的 F_T 逐渐趋于零，在没有硫酸盐的情况下，不再有式（4-2-8）反应发生（Schlegel et al.，2011）。换句话说，在硫酸盐甲烷过渡带以下，由于氧化生物能步骤的限制，氧化甲烷被限制。

4.3 柿庄南煤层水硫酸盐剖面

如图 4-1-1 所示，采样点分布大致形成北（Ⅰ）、中西部（Ⅱ）两条线。总体上，两条线按照水力梯度由高到低排列。为确定地球化学数据与深度的关系，利用式（4-3-1）对煤层气井采出水水头高度 H 进行估算（Tao et al.，2014；Yao et al.，2014）：

$$H = H_C - H_L + h_C \quad (4-3-1)$$

式中，H_C 是煤层深度；H_L 是煤层气井初始生产水位的深度；h_C 是煤层的标高。

计算得到的 H 代表了目标煤层含水层的水头高度；随着地下水从高 H 区向低 H 区流

动;H值决定了研究区的地下水流向。

两条采样线(Ⅰ和Ⅱ)上的SO_4^{2-}浓度随着水头高度(H)的降低而降低[图4-3-1(a)、图4-3-1(b)],并在(660 ± 10)m处完全耗尽。将SO_4^{2-}浓度剖面划分为准直型剖面,Ⅰ和Ⅱ硫酸盐梯度分别为1.9mmol/(L·m)和1.1mmol/(L·m)。Ca^{2+}和Mg^{2+}的浓度分布与SO_4^{2-}的浓度分布具有相似的特征[图4-3-1(c)、图4-3-1(d)]。然而,在(660 ± 10)m的H水平以下,Ca^{2+}和Mg^{2+}的总浓度在两条采样线上保持不变。

硫酸盐还原是细菌厌氧氧化的重要代谢途径,对全球碳和硫循环产生重要影响。如式(4-3-2)所示,水环境中以SO_4^{2-}为电子受体,CH_4为电子供体的代谢过程称为甲烷厌氧氧化(AOM)(Shen et al.,2011)。如式(4-3-3)所示,以SO_4^{2-}为电子受体,以有机质为电子供体的生物介导的反应称为异养型硫酸盐还原(HSR)。

$$AOM: CH_4 + SO_4^{2-} \longrightarrow HCO_3^- + H_2S + H_2O \qquad (4-3-2)$$

$$HSR: 2CH_2O + SO_4^{2-} \longrightarrow 2HCO_3^- + H_2S \qquad (4-3-3)$$

Ca^{2+}和Mg^{2+}浓度随水头高度的分布同样表明,Ca^{2+}和Mg^{2+}浓度和也受影响SO_4^{2-}浓度变化的相同机制控制。由于HCO_3^-通过甲烷厌氧氧化(AOM)和异养型硫酸盐还原(HSR)生成,Ca^{2+}和Mg^{2+}的总和随着水头高度H的减少而减少,说明自生碳酸盐沉淀的形成。由于甲烷厌氧氧化(AOM)和异养型硫酸盐还原(HSR)的化学计量学不同,在甲烷厌氧氧化(AOM)中消耗1mol SO_4^{2-}产出1mol HCO_3^-,而在异养型硫酸盐还原(HSR)中消耗1mol SO_4^{2-}产出2mol HCO_3^-。

在此处,使用估算方法计算出SO_4^{2-}被甲烷厌氧氧化($C_{SO_4^{2-}-AOM}$)和异养型硫酸盐还原($C_{SO_4^{2-}-HSR}$)分别消耗的比例(Meister et al.,2007)。因此,可以假设甲烷厌氧氧化(AOM)和异养型硫酸盐还原(HSR)中SO_4^{2-}消耗比例式为式(4-3-4)和式(4-3-5):

$$C_{SO_4^{2-}-AOM} + C_{SO_4^{2-}-HSR} = 总SO_4^{2-}消耗量 \qquad (4-3-4)$$

$$C_{SO_4^{2-}-AOM} + 2C_{SO_4^{2-}-HSR} = 总HCO_3^-产生量 = 总Ca^{2+}和Mg^{2+}消耗量 \qquad (4-3-5)$$

由于甲烷厌氧氧化(AOM)和异养型硫酸盐还原(HSR)对HCO_3^-产生和SO_4^{2-}消耗的定量关系不同,可以认为SO_4^{2-}的消耗仅发生在甲烷厌氧氧化(AOM)和异养型硫酸盐还原(HSR)反应中,而HCO_3^-的产生也仅发生在甲烷厌氧氧化(AOM)和异养型硫酸盐还原(HSR)中。此外,甲烷厌氧氧化(AOM)和异养型硫酸盐还原(HSR)产生的总HCO_3^-被自生碳酸盐沉淀消耗。SO_4^{2-}、Ca^{2+}和Mg^{2+}的消耗可以通过研究区域的浓度梯度来估计,从而可以求解式(4-3-4)和式(4-3-5)中的两个未知数($C_{SO_4^{2-}-AOM}$、$C_{SO_4^{2-}-HSR}$)。在两条采样线中,SO_4^{2-}的浓度梯度分别为1.9mmol/(L·m)和1.2mmol/(L·m),而Ca^{2+}与Mg^{2+}和的浓度梯度分别为2.0mmol/(L·m)和1.5mmol/(L·m)。因此,计算结果表明,在两条采样线(Ⅰ和Ⅱ)中,SO_4^{2-}被AOM消耗的比例分别大于95%和75%,说明绝大部分SO_4^{2-}的消耗是由于甲烷的厌氧氧化引起的。

利用16S rRNA测序技术对柿庄南区块煤储层不同深度水的微生物进行了研究。北线(Ⅰ)取4个微生物样品,中西线(Ⅱ)取2个微生物样品进行16S rRNA生物测序分析。有机质的生物降解是生物地球化学作用的结果,可能涉及降解细菌和产甲烷古菌等多个群落,地

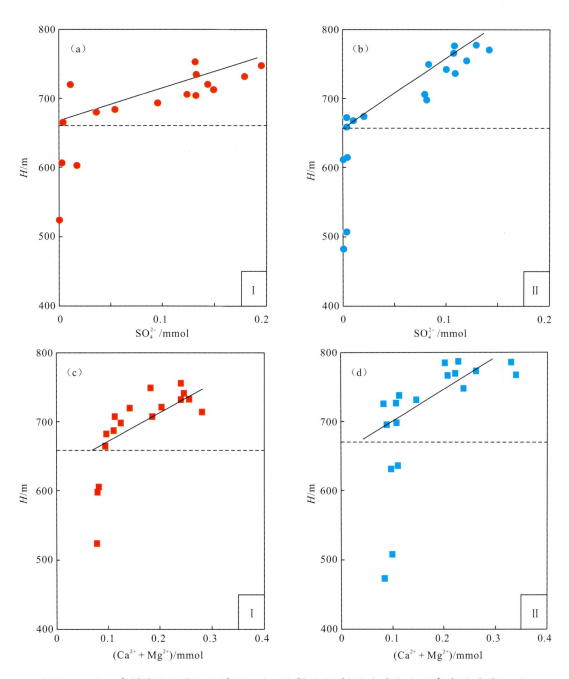

图 4-3-1 采样线 Ⅰ 和 Ⅱ 上 SO_4^{2-}(a, b)、$Ca^{2+}+Mg^{2+}$ 的浓度与水头高度的关系(c, d)

下微生物群落具有将煤转化为甲烷的能力。多种降解细菌具备降解煤大分子为小分子的能力，产甲烷古菌是将小分子底物转化为甲烷的重要古菌，煤有机物质的复杂性决定了需要这些微生物的联合作用。

6 个水样细菌和古菌的 OTUs(operational taxonomic units)、Ace 指数、Chao 指数、

Shannon 指数和 Simpson 指数结果如表 4-3-1 所示。Ace 指数、Chao 指数、Shannon 指数和 Simpson 指数代表单一样品微生物群落的物种多样性，Chao 指数、Ace 指数和 Shannon 指数越大，Simpson 指数越小，说明样本中物种的多样性越丰富。由于浅部 SO_4^{2-} 浓度较高，包括硫酸盐还原菌在内的细菌群落在浅部比深部的细菌群落多样性更丰富。同样地，由 SO_4^{2-} 浓度的耗尽，包括产甲烷菌在内的古菌群落在深部比在浅部的多样性更丰富。

表 4-3-1 细菌和古菌群落丰度与多样性指数的测序结果

样品	Reads	OTUs	Chao	Ace	Shannon	Simpson
1(细菌)	18 655	91	89	96	2.69	0.099 0
3(细菌)	18 753	104	98	106	2.75	0.098 5
4(细菌)	21 961	118	120	117	2.91	0.085 2
11(细菌)	22 252	130	136	135	3.07	0.071 2
a(细菌)	18 127	82	84	90	2.62	0.109 6
b(细菌)	18 367	87	86	91	2.67	0.099 5
1(古菌)	24 123	36	37	37	1.13	0.417 7
3(古菌)	23 979	32	35	34	1.10	0.435 8
4(古菌)	21 980	30	32	33	1.04	0.455 7
11(古菌)	19 576	28	29	30	0.99	0.477 8
a(古菌)	24 590	39	41	42	1.21	0.387 7
b(古菌)	24 482	37	39	38	1.17	0.397 5

OTUs:操作分类单元的相似度为 97%。

6 个水样的细菌和古菌群落测序结果的稀疏曲线如图 4-3-2 所示。随着测序数量的增加，精度也随之逐渐提高，稀疏曲线趋于平缓。所有细菌和古菌样品的稀疏曲线表明，丰度和多样性的特征与表 4-3-1 的结果一致。

4.4 柿庄南煤储层中自生碳酸盐矿物的形成

自生碳酸盐的析出可能发生在早期海洋和陆地沉积物的成岩作用，是现代和过去全球碳循环重要的组成部分。早期成岩作用期间沉积物中形成的自生碳酸盐可被视为成岩环境

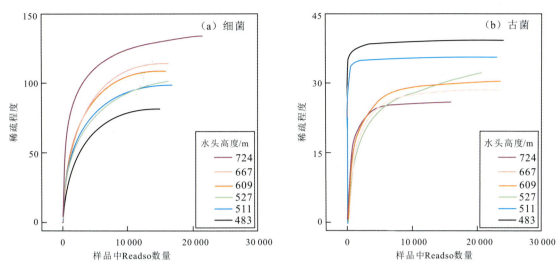

图 4-3-2 不同深度煤层气井采出水细菌(a)、古菌(b)稀疏曲线

的"化石"(Mazzini et al.,2006)。

由微生物驱动碱度(HCO_3^-)含量增加时,有利于自生固相碳酸盐矿物沉淀的形成。引起碱度增加的 3 个主要生物地球化学过程包括有机质通过甲烷厌氧氧化式(4-4-1)、异养硫酸盐还原式(4-4-2),以及少部分硅酸盐风化的矿物反应式(4-4-3)(Wehrmann et al.,2011):

$$CH_4 + SO_4^{2-} \longrightarrow HCO_3^- + HS^- + H_2O \qquad (4-4-1)$$

$$2CH_2O + SO_4^{2-} \longrightarrow H_2S + 2HCO_3^- \qquad (4-4-2)$$

$$2CO_2 + 3H_2O + CaAl_2Si_2O_8 \longrightarrow Ca^{2+} + 2HCO_3^- + Al_2Si_2O_5(OH)_4 \qquad (4-4-3)$$

在上一节中已经证明研究区煤储层水 HCO_3^- 的增加是由于甲烷的厌氧氧化作用。如果水中有适宜的阳离子(如 Ca^{2+}、Mg^{2+}、Fe^{2+}、Mn^{2+}),上述甲烷厌氧氧化和异养硫酸盐还原产出的过量 HCO_3^- 可能导致自生碳酸盐沉淀的生成。大多数自生碳酸盐矿物形成于海洋或半咸水沉积环境,形成方解石、白云石和菱铁矿等,这种自生碳酸盐矿物的产生同样可能发生在煤储层中(Moore et al.,2004)。然而,碱度(HCO_3^-)的产生并不一定表明自生碳酸盐沉淀的形成。因此,这里通过计算离子活度积(IAP)来验证这种可能性。通过比较溶度积常数(K_{sp})和离子活度积(IAP)的相对大小,验证自生碳酸盐沉淀的合理性。当目标煤层水处于欠饱和状态时(IAP<K_{sp}),矿物开始析出;当目标煤层水过饱和时(IAP>K_{sp}),矿物开始沉淀。IAP 计算采用标准条件(即 25℃和标准大气压),忽略温度、压力等外部环境条件的影响(Qian et al.,2016)。反应物[a]根据物质浓度和 γ 计算:

$$[a_{Ca^{2+}}] = [Ca^{2+}] \cdot \gamma_{Ca^{2+}} \qquad (4-4-4)$$

$$[a_{Mg^{2+}}] = [Mg^{2+}] \cdot \gamma_{Mg^{2+}} \qquad (4-4-5)$$

$$[a_{CO_3^{2-}}] = [CO_3^{2-}] \cdot \gamma_{CO_3^{2-}} \qquad (4-4-6)$$

Ca^{2+}、Mg^{2+}和CO_3^{2-}的γ值分别为0.288、0.248和0.207。例如,方解石沉淀反应如式(4-4-7)所示,用式(4-4-8)计算了相应方解石离子活度积(IAP)。比较方解石溶度积常数($K_{sp\text{-}Calcite}$)和离子活度积($IAP_{Calcite}$)的值,以此来评估自生碳酸盐沉淀能否发生。按式(4-4-9)和式(4-4-10)用相同的方法计算白云石的沉淀发生:

$$Ca^{2+} + CO_3^{2-} \longrightarrow CaCO_3 \quad K_{sp\text{-}Calcite} = 10^{-8.48} \tag{4-4-7}$$

$$IAP_{Calcite} = [a_{Ca^{2+}}][a_{CO_3^{2-}}] \tag{4-4-8}$$

$$Ca^{2+} + Mg^{2+} + CO_3^{2-} \longrightarrow CaMg(CO_3)_2 \quad K_{sp\text{-}Dolomite} = 10^{-16.52} \tag{4-4-9}$$

$$IAP_{Dolomite} = [a_{Ca^{2+}}][a_{Mg^{2+}}][a_{CO_3^{2-}}]^2 \tag{4-4-10}$$

根据上述方程和Ca^{2+}、Mg^{2+}和CO_3^{2-}的浓度,分别计算方解石和白云石的IAP值。如图4-4-1所示,$\log IAP_{Dolomite}$在两条采样线上的任何深度都大于$\log K_{sp\text{-}Dolomite}$;在煤层浅部,$\log IAP_{Calcite}$的值大于$\log K_{sp\text{-}Calcite}$。因此在研究区,IAP和$K_{sp}$的相对大小说明了自生碳酸盐沉淀的可能性,这是由于特定水头处的硫酸盐还原菌厌氧氧化所致。

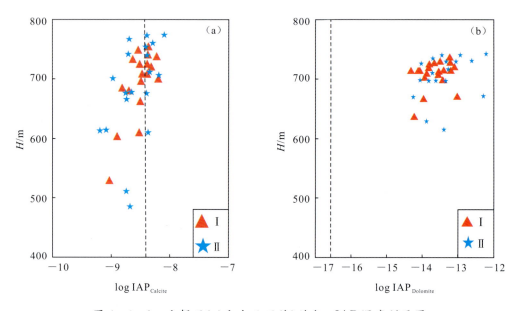

图4-4-1 方解石(a)和白云石(b)的log IAP深度剖面图

5 柿庄南生物甲烷生成途径原位分析

5.1 生物成因煤层甲烷生成方式及其判别依据

研究煤储层生物成因气具有许多意义,如评估甲烷的来源、评估天然气资源和了解地下环境。首先,生物甲烷产生是有机物生物降解的最后一步,此时会产出甲烷和二氧化碳等温室气体。活跃的产甲烷代谢是联系有机质沉积历史和生物地球化学的重要纽带,在各种环境中识别产甲烷途径对理解碳氢化合物的有机物分解具有重要意义。其次,在具有复杂热史或水文环境的盆地中,可能存在生物成因与热成因的混合气,如何阐明这种气体混合物是一个长期存在的问题。再次,在适宜的微生物产甲烷地下环境中,刺激潜在生物活性可以用来产出额外天然气资源收益,这也需要了解有机物的生物降解和生物甲烷的产生。最后,煤层气作为不可忽视的非常规天然气资源,在含煤地层的勘探与开采,对于评估生产过程中的潜在环境影响也越来越被受到重视(Jian et al., 2019)。

微生物对地表以下沉积物中有机物质分解作用产出的天然气资源占全球天然气资源的 20% 以上,而其余约 80% 的气体被认为是由有机物的热裂解产生的。在已经被开采利用的常规天然气资源总量的 3%~4% 是来自于沉积有机质的生物降解的原生生物气,其他 5%~11% 属于次生生物气。在非常规天然气资源系统中,如煤储层中同样也发现了生物成因气(Wu et al., 2018)。与其他天然气资源的来源类似,煤层气中可以是热成因、原生生物成因和次生生物成因或者这些混合来源。虽然天然气样品可能记录了较长的气体积累历史,但需要明确的一点是在许多情况下,微生物的代谢在沉积盆地中仍然在活跃地进行。在最初煤层气勘探过程中,热成因煤层气往往受到更多的重视(Ni et al., 2013)。然而,生物成因煤层气资源在美国 Powder River 盆地的成功勘探与开发利用,改变了人们对煤层气成因的认识,确定了煤层气的生物成因成为煤层气勘探开发的重要组成来源。

自 20 世纪 90 年代以来,非常规天然气勘探的范围逐渐扩大,其中就包括生物成因煤层气的普遍研究,相关同位素数据揭示天然气可能来自微生物代谢。若干研究已建立了全球沉积盆地中产甲烷环境的生物成因甲烷的地球化学和同位素标准。碳氢同位素可以用来区分储层环境中的热成因甲烷和生物成因甲烷,以及具体生物甲烷产生的途径。$\delta^{13}C$ 通常被用来简单确定煤层气的来源,大致以 $-50‰$ 为界,小于 $-50‰$ 属于生物成因气,大于 $-50‰$ 属于热成因气(Harris et al., 2008)。

生物甲烷的碳同位素通常与其他同位素指标相结合来区分甲烷成因,因为生物甲烷的碳同位素范围有时会与热成因甲烷重叠。甲烷的氢同位素特征也可用来区分气体来源,并可识别诸如迁移或混合等二次过程。目前,就生物成因甲烷的氢同位素组成而言,氢同位素的范围在−400‰到−150‰之间。甲烷和共生水的氢同位素特征也提供了一个分析工具,以区分生物产甲烷的路径。尽管如此,不同来源的甲烷往往产生重叠氢同位素特征。因此,甲烷及其伴生气的碳、氢同位素组成与分子组成用于确定气体来源,特别是热、生物过程和微生物甲烷生成途径的相对作用。不同类型的甲烷具有其相应典型的碳、氢同位素组成,热成因天然气的甲烷碳同位素大于−50‰,微生物气通常具有轻的甲烷碳同位素组成,小于−50‰且大于−60‰,大致为醋酸发酵型生物甲烷生成,小于−60‰为二氧化碳还原型生物甲烷生成。此外,二氧化碳还原途径相对于醋酸发酵型有着更高 δD_{CH_4}(Chen et al.,2017)。微生物和热成因气之间的混合可以产生中间状态的甲烷同位素组成,如图 5−1−1 所示,是全球几个重要生物成因煤层气储层产出甲烷的同位素分布(Jian et al.,2019)。

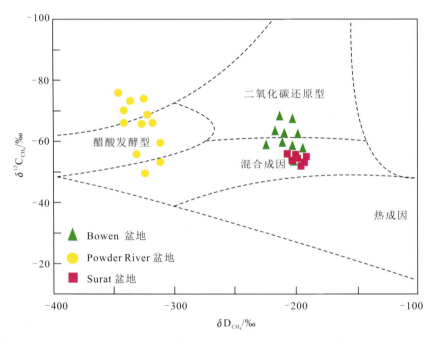

图 5−1−1　全球主要生物成因煤层甲烷 C−D 同位素分布图(Davis et al.,2018)

甲烷和二氧化碳之间的碳同位素差异($\delta^{13}C_{CO_2-CH_4}$)可以帮助理解气体来源,热成因气的特点是高温下产生的低 $\delta^{13}C_{CO_2-CH_4}$ 值。在多种来源混合的煤层气中,$\delta^{13}C_{CO_2-CH_4}$ 比单一碳同位素更适合用来识别天然气来源。其他常见的指标,如 $\delta^{13}C_{CH_4}$ 与 $C_1/(C_2+C_3)$ 已被证明在非常规盆地是不可靠的判别方式,因为一系列的二次效应的发生以及生物甲烷碳同位素的高值与早期产热甲烷重叠。基于分子和微生物学的同位素和生物地球化学方法更为有效。地球化学和稳定同位素除了已经被广泛利用来识别生物成因气和热成因气,也可用以区别生物成因甲烷中产出甲烷的具体途径。原位储层同位素的研究尤为重要,该途径不是实验控制的,也无法获得较多底物浓度数据,更没有明显可识别的优势途径(Beckmann et al.,2018)。现场提供的同位素组成提高了微生物对原位环境同位素控制的认识。美国 Powder River 盆地同位素特征显示二氧化碳还原型是主要的生物甲烷生成方式,而实验室富集培养的结果却显示醋酸发酵型是主要的生物甲烷生成方式。这些研究的不同结论表明,在实验室中富集的微生物群落可能不能代表原生优势微生物种群。二氧化碳还原型生成方式产出的生物甲烷通常比醋酸发酵型生成方式产出的生物甲烷贫 ^{13}C。二氧化碳还原型产甲烷方式的 $\delta^{13}C_{CH_4}$ 通常在 $-110‰ \sim -60‰$ 之间,而醋酸发酵型产甲烷方式的 $\delta^{13}C_{CH_4}$ 普遍在 $-60‰ \sim -45‰$ 之间。对于二氧化碳与甲烷碳同位素的分异而言,较小的碳同位素分异 $\alpha_{CO_2-CH_4}$ 值(<1.055)是典型的醋酸发酵型甲烷生成的特征,而高 $\alpha_{CO_2-CH_4}$ 值(>1.065)是二氧化碳还原型甲烷生成的特征。但在一个高的自由能供应环境中,二氧化碳还原型产甲烷菌也可引起低 $\alpha_{CO_2-CH_4}$ 值(Bao et al.,2019)。因此,应结合多种同位素、地球化学和生物识别方法来帮助识别和评价生物甲烷生产的过程。

次生生物气的分布和组成由地下水的盐度、微生物可用性、煤层的孔隙度和透气性控制,生物甲烷的产生与煤的抬升过程中大气降水的进入有关。之前的研究认为生物成因煤层气主要形成于较低煤阶煤储层盆地。为什么在沁水盆地南部柿庄南区块存在次生生物气?这可能是由于它们的水动力条件。在研究区东部晋获断裂边缘的浅部煤层,煤的埋藏深度较浅满足地区水动力条件,可以接受断层处大气水和地表水的供给,并且径流携带的细菌也补给煤层,因而形成次生生物成因气的有利条件。因为浅层地区露头较发达,如果煤层在向上的方向露头消失,气体有可能沿上升方向形成密封条件(Beckmann et al.,2011)。然而,由于在浅层区域缺乏密封条件,气体含量不会很高。在相对较低的温度环境下,即一般不超过 56℃ 的温度条件,地下水环境中的微生物群落的代谢活动可能改变了热成因气的原始组成特征,也使一些有机化合物发生生物作用转化甲烷和二氧化碳(Mesle et al.,2013)。

煤中复杂有机大分子化合物,如脂肪族化合物、芳香族化合物和杂环原子常由特定的初级发酵细菌来分解。然后,二次发酵细菌将被初级降解后的化合物再次降解为多种化合物,如产醋酸细菌降解脂肪酸为醋酸盐、甲酸盐、二氧化碳和氢等可被产甲烷菌利用的底物。醋酸盐也可以通过同养氧化分解为氢和二氧化碳。上述这些生物过程可能同时发生,但是因为所涉及微生物的不同生长速度和代谢活性,它们是部分不耦合的,可能导致有机酸的累积。甲烷生成实际上是动态的发酵过程,代谢的过程通常被认为以中间体转移的方式完成(Bi et al.,2017)。

在富含有机物质的厌氧沉积物环境下,硫酸盐还原菌参与甲烷的厌氧氧化可以被视为一种反甲烷生成的过程。硫酸盐还原耦合甲烷厌氧氧化可以看作一个生物体共养作用,其中氢共养是产甲烷菌和硫酸盐还原的基础,氢的浓度变化是末端接受电子的标志过程。因为这一过程通过氢的种间转移,所以维持低氢以保持有机物共养氧化(Chen et al.,2018)。在氢足够低的情况下,逆转它们的代谢方向和调整产甲烷过程。硫酸盐还原菌效率在利用氢作为电子供体方面表现出高效率性,可以在创造热力学条件上倾向于甲烷的氧化。

将复杂的有机质转化为生物甲烷的生物降解途径和复杂的微生物关系并不易被理解。大量的生物降解研究探讨了厌氧微生物激活和降解复杂烃类化合物的机理。一般来说,富含有机碳的煤可以被认为是一种适合微生物生存代谢的沉积物,干酪根是一种复杂的、生物上难以分解的物质,不是理想的微生物易利用的有机质,因为煤有机大分子结构中包含芳香族化合物、脂肪族化合物与含氮、硫和氧的杂环化合物等生物难以降解的复杂化合物以及相关结构类型(Davis et al.,2018)。由此,生物降解煤需要包括各种水解发酵菌、醋酸菌和产甲烷菌等多种菌种的协同作用。首先,复杂的煤聚合物由纤维素分解菌和其他水解细菌分解成可溶性有机中间体(包括长链烷烃、长链脂肪酸、单环芳烃等),或者分散成小分子多环芳香族碳氢化合物和酮体。其次,这些可溶性有机中间体通过发酵细菌被分解成更小的化合物(如琥珀酸盐、挥发性脂肪酸)和产甲烷菌可用的底物(如氢、二氧化碳、乙酸、甲醇和二甲硫醚)。最后,通过二氧化碳还原型、醋酸发酵型或甲基营养型生物甲烷生成方式产生甲烷(Wang et al.,2017)。

因此,煤的生物降解过程涉及源岩有机质中聚合物转化为低分子量有机中间体。低分子量有机中间体通过微生物作用转化为甲烷前体(图5-1-2),而非生物机制已被证明在深层表面可产生氢,如蛇纹石化作用和放射性氢的产生,这些被认为在富碳地层中比有机物产生氢的重要性要小得多。细菌降解产生的甲烷前体可作为产甲烷古菌的电子供体。因此由产甲烷古菌介导的生物甲烷产生是整个生物降解过程的最后一步,这一过程可以通过多种

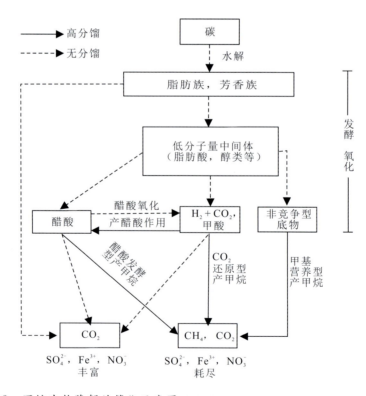

图5-1-2 甲烷生物降解的简化示意图(较大碳同位素分馏用实线表示)(Vinson et al.,2017)

途径传递碳(Zhang et al., 2018)。此外，最近的研究发现，直接电子转移也可能是从细菌(*Geobacter*)到产甲烷菌(*Methanosaeta*, *Methanosarcina*)，不需要中间氢的生产，虽然这一发现的潜在环境意义还不明确。

烷烃的厌氧降解具有特殊意义，它们只包含一个不起化学反应极性σ键。生物降解的脂肪族化合物和环状烃可能是代谢物的来源，如脂肪酸，它们可进一步氧化成产甲烷底物。随后的烷基琥珀酸盐降解也可能导致脂肪酸代谢。虽然脂肪酸是一种产甲烷菌可以利用的物质，但这种化合物的积累具有通过降低酸碱度来抑制甲烷生成的潜在可能性。烯烃的活化主要发生在双键水合过程中。在反硝化条件下，单萜烯类和其他异戊二烯生物降解在厌氧生态系统中也被观察到(Fallgren et al., 2013)。

煤中含有多种类型的分子结构，如图5-1-3所示，煤中复杂化合物包括芳香族化合物、脂肪族化合物和含氮、硫、氧的杂环化合物长期以来被认为是难以被生物降解的。正构烷烃通常首先被生物降解，其次降解难度从易到难依次是支链烷烃、单环饱和烃类、单芳碳氢化合物和多环芳香族化合物，杂环化合物最难被生物降解(Wei et al., 2013)。

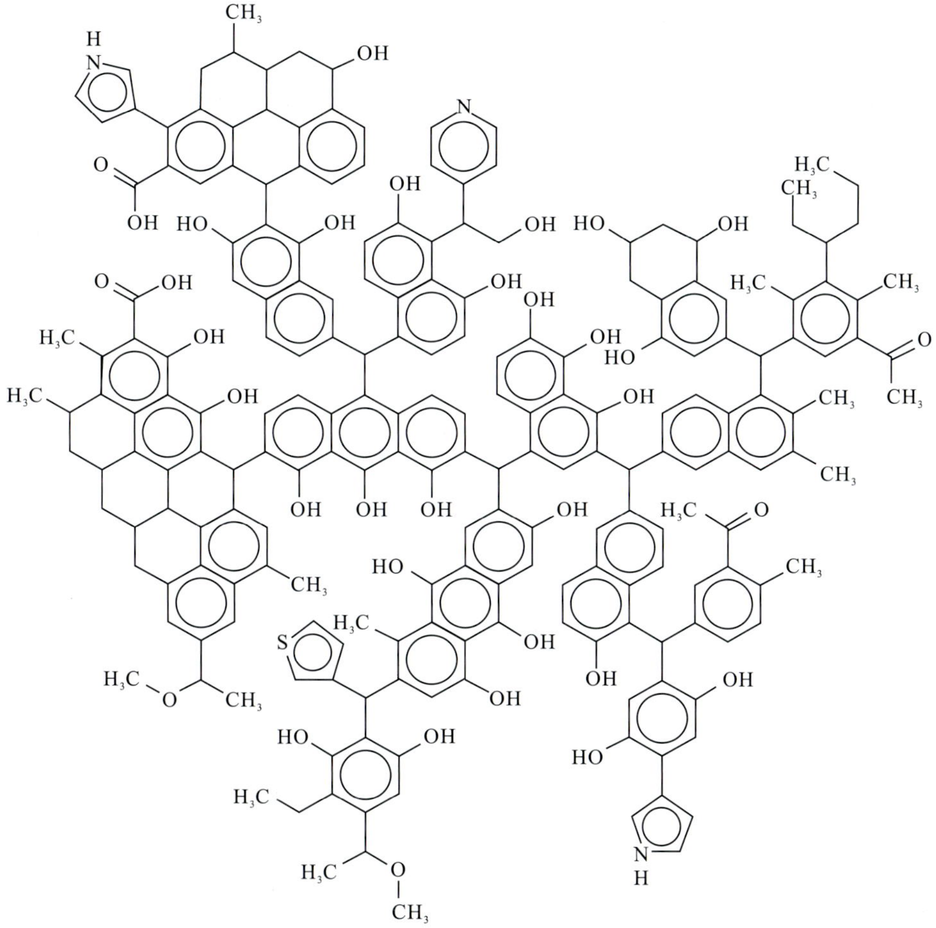

图5-1-3 煤的复杂有机质分子结构模型(Colosimo et al., 2016)

但又有研究表明,杂环化合物并不像之前认为的那样难以降解。另外,杂环化合物在水中比多环芳烃更易溶解,因为碳原子被氮、硫或氧原子取代,导致更高的极性,从而形成更高的水溶性、生物利用度和流动性。此外,碳与其他原子之间的化学键相比脂肪族或芳香族碳原子之间的化学键具有较低的解离键能(Xiao et al., 2013)。因此,杂环化合物的碳原子之间的化学键较多环芳烃的更易断离,这些化合物的激活机制与多环芳香族化合物的生物降解途径相似。

5.2　柿庄南生物成因甲烷生成方式

产甲烷作用是生物群落生物降解的最后一步,这对碳氢同位素分馏作用影响很大,使生物甲烷比有机质产生更为偏负的 δD 和 $\delta^{13}C$。甲烷的碳同位素特征主要来源于动力学分馏,在产甲烷过程中更多的 ^{12}C 被利用,使剩余未反应物富集 ^{13}C。氢同位素分馏效应同样受氢源和分馏时氢原子进入甲烷的影响。根据以往研究认为,二氧化碳还原型生成的甲烷比醋酸发酵型生成的甲烷具更正的 δD 和更负的 $\delta^{13}C$。所以,产甲烷菌利用醋酸与二氧化碳和氢产生生物甲烷过程中的同位素分异被认为是不同的,一般可以利用碳氢等稳定同位素来区分醋酸发酵型和二氧化碳还原型甲烷生成(Vinson et al., 2017)。

有机物 $\delta^{13}C$ 和 δD 的值提供一个起点用于估算生物降解过程中 $\delta^{13}C$ 和 δD 的分馏效应。煤是常见的Ⅲ型干酪根,虽然只有一部分是可以被生物降解的。Ⅲ型干酪根 $\delta^{13}C$ 取值范围为 $-28‰\sim-26‰$,通常煤中 $\delta^{13}C$ 值范围为 $-27‰\sim-22‰$。在煤炭中,显微组分的差异导致 $\delta^{13}C$ 的变化小于 $3‰$,总体上 $\delta^{13}C$ 的值在显微组分中表现出惰质组最大、镜质组次之、脂质组最小的特征。人们普遍认为煤中贫 ^{13}C 类脂组显微组分比更富芳香族化合物的镜质组显微组分产生更多的生物成因气(Blaser et al., 2013)。然而,总的来说,煤中芳香族化合物和脂肪族化合物都能被生物降解。煤的生物利用度也会受到热成熟度的影响,热演化对煤的显微组分和 $\delta^{13}C$ 却没有显著影响(Brown, 2011)。

煤复杂大分子包含较多的芳香物质和相当数量的官能团,芳香核中 ^{13}C 的丰度高于脂质侧链。因此,芳香族物质普遍富含 ^{13}C,脂肪族物质富含 ^{12}C。一方面,煤中微生物作用的主要目标是侧链结构,这些侧链具有显著性较轻的碳同位素组成,这可以解释为什么生物气 $\delta^{13}C_{CH_4}$ 值较小的原因。另一方面,同位素比率的分布函数与重同位素的浓度成正比(Penger et al., 2012)。由此可见,在天然有机物中的甲基碳原子同位素组成比羧基碳原子轻。在醋酸发酵过程中,甲烷是由甲基加氢而成,二氧化碳是由羧基脱氢而成。这样,具有较轻碳同位素的碳原子成为甲烷,具重碳同位素的碳原子成为二氧化碳,从而形成 $\delta^{13}C_{CH_4}$ 越轻、$\delta^{13}C_{CO_2}$ 越重的现象(Blair et al., 1987)。

在理想的封闭产甲烷系统中,生物甲烷比有机来源表现出偏负的 $\delta^{13}C_{CH_4}$,同时产生偏正的 $\delta^{13}C_{CO_2}$。$\delta^{13}C_{CH_4}$ 与 $\delta^{13}C_{CO_2}$ 之间的分异即可用于区分不同代谢途径的碳同位素分馏差异,碳同位素分馏差异($\alpha^{13}C_{CO_2-CH_4}$)数学表达式为:

$$\alpha^{13}C_{CO_2-CH_4} = (\delta^{13}C_{CO_2} + 1000)/(\delta^{13}C_{CH_4} + 1000) \qquad (5-2-1)$$

$\alpha^{13}C_{CO_2-CH_4}$是净表观分馏,严格地说,这不是一种从基质到产物的分馏。二氧化碳还原型产甲烷作用比醋酸发酵型甲烷生成有着更大的碳同位素分馏。在最近的沉积物研究中,$\alpha^{13}C_{CO_2-CH_4}$小于 1.06 被认为是醋酸发酵型甲烷生成的特征,而 $\alpha^{13}C_{CO_2-CH_4}$大于 1.06 被认为是二氧化碳还原型产甲烷作用(Conrad,2005)。最近的原位研究表明,Powder River 盆地浅部环境表现出明显低于预期的 $\alpha^{13}C_{CO_2-CH_4}$取值范围,而盆地深部具有明显较大的 $\alpha^{13}C_{CO_2-CH_4}$(>1.06),符合二氧化碳还原型甲烷生成的特征,这表明了同一盆地产甲烷菌与其主要代谢途径的变化。因此在沁水盆地南部柿庄南区块采集煤层气井水样,并对这些样品进行 16S rRNA 微生物测序以及地球化学与同位素测试。在这些测试结果的基础上,重点研究了产甲烷菌的原位代谢特征。从图 5-2-1 可以看出,一些 $\alpha^{13}C_{CO_2-CH_4}$的值大于 1.06,还有一部分小于 1.06,说明柿庄南区块同时存在二氧化碳还原型和醋酸发酵型生物甲烷生成方式。

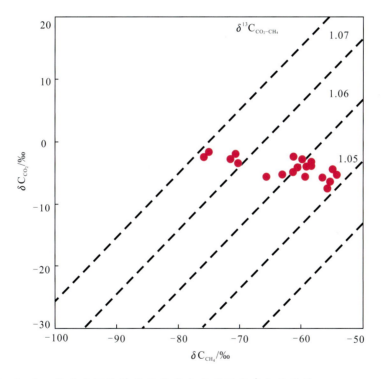

图 5-2-1 柿庄南区块煤层气井产出水碳同位素分馏差异($\alpha^{13}C_{CO_2-CH_4}$)分布

有机物的氢同位素组成也类似碳同位素,但氢和氘相对质量相差很大。大部分干酪根和煤炭 δD 范围为 −175‰~−75‰。显微组分也表现出较大范围的 δD 值变化,D 富集于惰质组,在镜质组较少,类质组最少(King,1984)。与上面讨论的碳同位素在热成熟过程中很少受到影响不同,有机物随着成熟度的增加而富 D,因为有机物和水是生物甲烷中氢的主要来源,如果有机物和生物甲烷共生水占据不同的 δD 范围,会使得氢同位素成为追踪生物甲烷来源的理想工具(Mcintosh et al.,2004)。内陆、高海拔或高纬度盆地有偏负的 δD 值(约 −170‰)与有机物中 δD 的值重叠;相对正的 δD 在低海拔或低纬度地区有别于有机物中 δD 的值,研究区 δD 范围为 −90‰~−70‰,恰好使氢同位素成为追踪物质来源的理想选择。

这里,利用甲烷与共生地下水的氢同位素推断生物产甲烷途径。二氧化碳还原型产生的生物甲烷中,4 个氢原子都来源于共生水,而醋酸发酵型只有 1 个氢原子来自于水,其他 3 个氢原子来源于醋酸的甲基即有机来源(Milkov et al.,2011)。因为有机物中的 δD 被认为比煤层共存水的 δD 更为偏负,其次在醋酸发酵过程中第 4 个氢原子同位素分馏效应可使氢同位素更为偏负,因此认为醋酸发酵型比二氧化碳还原型生成的甲烷表现出更负的 δD_{CH_4}(Sessions et al.,2004)。CH_4 与 H_2O 之间的氢同位素关系可以表示为:

$$\delta D_{CH_4} = m(\delta D_{H_2O}) + \beta \qquad (5-2-2)$$

式中,对于二氧化碳型生物甲烷生成方式,其斜率(m)是 1;对于醋酸发酵型甲烷生成,其斜率是 0.25(Stolper et al.,2015)。截距(β)是基于沉积物水环境的差异。

海洋环境被认为是主要通过二氧化碳还原型甲烷生成($\beta = 165‰ \pm 15‰$),而淡水环境被认为主要是醋酸发酵型甲烷生成占优($\beta = 305‰ \pm 5‰$)(Valentine et al.,2004)。从图 5-2-2 中同样可以看出研究区同时存在二氧化碳还原型和醋酸发酵型两种生物甲烷生成方式。

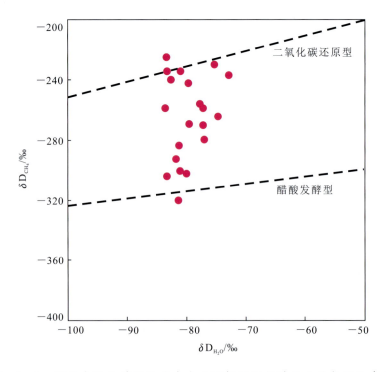

图 5-2-2 柿庄南区块煤层气井产出水溶解甲烷与煤层水的氢同位素分布

细菌介导的发酵分解作用和可溶性有机物的氧化产生低分子量的中间有机化合物(Milucka et al., 2012)。特定中间体的性质、浓度和同位素组成在煤的生物降解过程中很少有人研究,特别是在这过程中它们停留时间短、稳态浓度低,使得研究具有挑战性(Hornibrook et al., 2000)。中间降解步骤产生的有机物(即新合成的产甲烷底物)在被产甲烷古菌利用之前可以产生适度 $\delta^{13}C$ 分异(Heuer et al., 2009)。但总的来说,中间体碳同位素分异被认为比产甲烷菌产甲烷作用形成的碳同位素分馏要小得多。与碳同位素相似,中间体化合物产生的氢同位素分异也被认为可忽略不计(Conrad et al., 2011)。

5.3 柿庄南煤储层水产甲烷菌的鉴别

产甲烷菌可以利用的底物范围有限(表5-3-1)。生物甲烷主要通过二氧化碳还原和醋酸发酵两种方式生成。在二氧化碳还原型生物甲烷生成方式中,二氧化碳被氢还原为甲烷[式(5-3-1)];在醋酸发酵型生物甲烷生成方式中,醋酸被生物作用分解为二氧化碳和甲烷[式(5-3-2)]。研究表明,二氧化碳还原型生物甲烷主要存在于海洋环境中,醋酸发酵型则是淡水环境生物甲烷产生的主要途径(Boetius et al., 2000)。然而,在煤层气储层环境中,人们也已经认识到二氧化碳还原型甲烷生成途径占主导地位。

$$CO_2 + 4H_2 \longrightarrow CH_4 + 2H_2O (二氧化碳型) \quad (5-3-1)$$

$$CH_3COOH \longrightarrow CH_4 + CO_2 (醋酸发酵型) \quad (5-3-2)$$

以上两种生物甲烷生成方式也分别被称为氢营养型和乙酸分解型甲烷生成。产甲烷菌也可使用其他底物,如甲醇和甲酸盐[式(5-3-3)、式(5-3-4)]:

$$4CH_3OH \longrightarrow 3CH_4 + CO_2 + 2H_2O \quad (5-3-3)$$

$$4HCOOH \longrightarrow 3CO_2 + CH_4 + 2H_2O \quad (5-3-4)$$

其他可能生成生物甲烷的底物如甲胺、二甲基硫醚、乙醇和异丙醇则没有被充分发现和研究。甲基营养型产甲烷菌一直存在于煤、砂岩、页岩与其共生水中。这些基质底物可能是沉积岩增强生物甲烷生成的重要化合物(Conrad et al., 2011)。一般来说,产甲烷菌可利用的底物可分为竞争性底物和非竞争性底物。第一个类竞争性底物也可被其他微生物群落利用,这些底物包括氢、二氧化碳、甲酸盐和乙酸盐等(Weniger et al., 2012)。利用这些底物的优先性取决于环境条件,例如富硫酸盐的还原环境中,硫酸盐还原菌相比较于产甲烷菌在竞争底物过程中占优势。非竞争性的底物是指只能被产甲烷菌有效利用,而其他微生物对其利用相对较少,这类物质包括甲醇和甲基胺(Barnhart et al., 2016)。当甲胺和二甲基硫醚的浓度足够大时,产甲烷和硫酸盐还原并不相互排斥,但这一情况不常出现。

表 5-3-1 常见产甲烷菌及其主要可用底物类型(Colosimo et al., 2016)

目(Order)	科(Family)	可用底物类型
甲烷杆菌目 (Methanobacteriales)	甲烷杆菌科 (Methanobacteriaceae)	H_2-CO_2、甲酸、甲醇
	甲烷热菌科 (Methanothermaceae)	H_2-CO_2
甲烷球菌目 (Methanococcales)	甲烷球菌科 (Methanococcaceae)	H_2-CO_2、甲酸
	甲烷热球菌科 (Methanocaldococcaeae)	H_2-CO_2
甲烷微菌目 (Methanomicrobiales)	甲烷微菌科 (Methanomicrobiaceae)	H_2-CO_2、甲酸
	甲烷螺菌科 (Methanospirillaceae)	H_2-CO_2、甲酸
甲烷八叠球菌目 (Methanosarcinales)	甲烷八叠球菌科 (Methanosarcinaceae)	H_2-CO_2、甲氨、乙酸
	甲烷毛菌科 (Methanosaetaceae)	乙酸
甲烷火菌目 (Methanopyrales)	甲烷火菌科 (Methanopyraceae)	H_2-CO_2

产甲烷古菌是已知唯一的有能力生成生物甲烷的微生物，它们只能利用不超过两个碳原子的简单物。因此，复杂有机沉积物在缺氧环境中的降解由水解细菌、发酵细菌、产醋酸细菌和产甲烷古菌等多种微生物群落共同完成。这个菌群常被称为产甲烷联合体。生物甲烷的生成是由产甲烷联合体分解有机物质产生甲烷的最后一步(Bao et al., 2016)。由于它们在地球碳循环中的重要生态作用，产甲烷菌的研究已引起重视。

有 80 多种古菌具有产甲烷的能力，几乎每一个产甲烷菌都可以通过二氧化碳还原的方式来生成甲烷，只有八叠球菌目(Methanosarcinales)中存在一些常见的产甲烷菌类型可以利用醋酸发酵产出甲烷。其中甲烷鬃毛菌(Methanosaeta)是专性醋酸发酵型产甲烷菌，甲烷八叠球菌(Methanosarcina)通常被研究者当作是兼性产甲烷菌,即它可以利用多种底物产甲烷,如氢和甲醇等(Chen et al.,2018)。实验室富集培养环境繁殖的甲烷八叠球菌(Methanosarcina)和甲烷鬃毛菌(Methanosaeta)产出的生物甲烷的碳同位素分布特征也会有明显差异,是因为这两种产甲烷菌的主要代谢方式的差异。甲烷鬃毛菌(Methanosaeta)在醋酸浓度较大的环境中产出的生物甲烷具有典型的较小碳同位素分异的特点(Conrad et al.,2011)。

产甲烷古菌是专性厌氧菌,其生长代谢需要无氧条件。甲烷生成进一步受到热力学约束,在厌氧过程中这些约束限制了甲烷的自由能产率(An et al.,2015)。氢、甲酸盐和醋酸盐等竞争性底物,在硝酸盐、硫酸盐含量较多条件下,被介导的异养细菌通过非产甲烷途径消耗,比甲烷生成过程消耗每摩尔底物产生更多的自由能(表5-3-2)。在缺乏硫酸盐等电子受体的水环境中,二氧化碳还原型和醋酸发酵型产甲烷方式在利用竞争性基底电子受体方面具备优势(Nunez et al.,2016)。二氧化碳在地层中比氢更丰富,所以氢可能限制了自然系统中氢营养型即二氧化碳还原型产甲烷作用。接近中度的pH和足够低的盐度环境有利于细菌和产甲烷古菌的生长,硫酸盐的有效性则主要控制产甲烷菌或异养细菌代谢的相对优势性(Bao et al.,2016)。

除了二氧化碳还原型和醋酸发酵型甲烷生成方式所用的底物,非竞争性底物甲基化合物不能被反硝化、铁还原、硫酸盐还原或其他异养细菌有效利用。整体上甲基营养型产甲烷的意义尚不清楚,并认为在全球范围内远不如二氧化碳还原型和醋酸发酵型甲烷生成作用重要(Davis et al.,2018)。最后,除了这里讨论的3种理想的产甲烷反应外,其他的组合底物也可能在特殊的环境中产生甲烷。

表5-3-2 产甲烷和非产甲烷途径与其消耗每摩尔底物的自由能产率(Papendick et al.,2011)

反应类型	方程式	$\Delta G^0/(kJ \cdot mol^{-1})$
脱氮作用(反硝化作用)	$CH_2O + 0.8NO_3^- + 0.8H^+ \rightleftharpoons 0.4N_2 + CO_2 + 1.4H_2O$	-462.9
锰氧化物还原作用	$CH_2O + 2MnO_2 + 4H^+ \rightleftharpoons 2Mn^{2+} + CO_2 + 3H_2O$	-457.3
铁氧化物还原作用	$CH_2O + 4Fe(OH)_3 + 8H^+ \rightleftharpoons 4Fe^{2+} + CO_2 + 11H_2O$	-348.3
异养硫酸盐还原作用	$CH_2O + 0.5SO_4^{2-} + 0.5H^+ \rightleftharpoons 0.5HS^- + CO_2 + H_2O$	-194.8
甲烷生成(通用)	$CH_2O \rightleftharpoons 0.5CH_4 + 0.5CO_2$	-70.5
甲基营养型甲烷生成	$CH_3OH \rightleftharpoons 0.75CH_4 + 0.25CO_2 + 0.5H_2O$	-68.7
氢营养型甲烷生成	$H_2 + 0.25CO_2 \rightleftharpoons 0.25CH_4 + 0.5H_2O$	-43.9
醋酸发酵型甲烷生成	$CH_3COOH \rightleftharpoons CH_4 + CO_2$	-31.1
产醋酸作用	$H_2 + 0.5CO_2 \rightleftharpoons 0.25CH_3COOH + 0.5H_2O$	-36.1

微生物群落特征研究中,包括对煤和煤层水固液两相的培养和分析,已经区分出了煤储层中二氧化碳还原、醋酸发酵和甲基营养型的产甲烷方式。检查微生物群落的方法包括富集培养、光学成像和分子研究等。富集培养方法包括测量受控基质或环境条件下的甲烷产量,并且可以设置标记化合物来分析其特定的代谢途径类型。成像方法具体为电子显微镜荧光原位杂交(用于识别标记的 rRNA),从而区分相应的微生物。分析未培养材料的分子技术尤其重要,因为许多与原位环境有关的微生物不能培养(Dawson et al.,2012)。这些方法包括系统发育 16S rRNA 和宏基因组学分析,这是一种识别特定代谢途径相关基因的分析技术。在研究煤储层时,对储层水进行微生物分析的应用要比对固体有机质的检测更为广泛,主要是由于地层水样更容易获得(Zhilina et al.,2013)。

为全面调查煤层气储层水中产甲烷菌,采用 16s rRNA 测序对煤层气井采出水的微生物进行研究。如图 5-3-1 所示,共检测到 7 个主要门级别的生物种类。上一节同位素分析表明,研究区内同时存在二氧化碳还原和醋酸发酵两种生物甲烷产生方式。基于测序结果,在所有煤层气井采出水中,产甲烷菌在不同丰度水平下被广泛检测到,结果表明产甲烷菌在古菌生物群落中的重要地位。如图 5-3-2 所示,在属的物种分类级别上,可检测到的产甲烷菌均属于甲烷杆菌(*Methanobacterium*)和甲烷八叠球菌(*Methanosarcina*)。甲烷杆菌(*Methanobacterium*)是二氧化碳还原型产甲烷菌的典型代表,而甲烷八叠球菌(*Methanosarcina*)通常被认为具有不同的产甲烷途径,包括二氧化碳还原、醋酸发酵和甲基营养产甲烷方式(Gupta et al.,2014)。以甲烷杆菌(*Methanobacterium*)和甲烷八叠球菌(*Methanosarcina*)的相对丰度差异为依据,二氧化碳还原产甲烷方式是主要的产甲烷菌代谢途径,也存在部分醋酸发酵型产甲烷作用方式(Zhang et al.,2017)。因此,柿庄南区块样品的 16S rRNA 和同位素分析证实,二氧化碳还原型和醋酸发酵型产甲烷菌在研究区煤储层中同时存在并代谢产生甲烷。

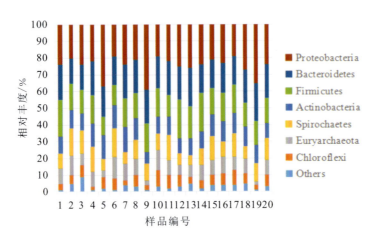

图 5-3-1　门级别上不同微生物种类的相对丰度分布(小于 1% 被归为"Others")

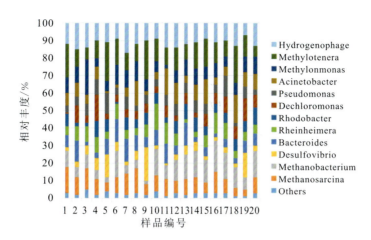

图 5-3-2　属级别上不同微生物种类的相对丰度分布（小于1%被归为"Others"）

5.4　柿庄南煤层产甲烷方式影响因素

产甲烷条件下有机物的生物降解是一个多阶段的过程，包括复杂有机物降解成挥发性有机酸、醋酸盐、甲酸盐、二氧化碳和氢，产甲烷菌将这些不超过两个碳原子的简单化合物生物合成为二氧化碳和甲烷的过程。两种常见的产甲烷途径（即二氧化碳还原型和醋酸发酵型甲烷生成方式）的相对优势在各种环境中取决于多种因素，煤储层中各种产甲烷类型的相对重要性也是建立在有机碳含量、有效养分、温度、盐度和碱度等多方面环境条件基础上的（Zhang et al.，2016）。低含量营养物质，包括磷酸盐、氨和硫化物是微生物生长所必备的，所以营养物质种类和浓度对微生物代谢和产甲烷有重要影响。高浓度的磷酸盐已经被证明可以抑制醋酸发酵甲烷生成，而在其低浓度条件下可以提高醋酸发酵和二氧化碳还原甲烷生成反应效率（Yang et al.，2018）。因此影响产甲烷菌代谢优势通路的可用有机质的质量和数量也很重要。一项关于原油泄漏降解的研究发现醋酸发酵比二氧化碳还原更有可能被包括金属和各种有机化合物在内的毒素所抑制（Unal et al.，2012）。

以往的研究表明，产甲烷菌对高氧分压和酸碱度非常敏感（Whiticar，1999）。产甲烷菌的快速繁殖只发生在缺氧（Eh<200mV）和适宜 pH（4.0 < pH < 9.0）的环境中。由于硫酸盐还原菌的竞争优势，当硫酸盐浓度超过 1mol/L 时，较强的硫酸盐还原会削弱产甲烷菌的代谢，因为硫酸根离子能有效削弱产甲烷菌利用底物的能力。有学者认为，在硫酸盐含量丰富的条件下，如在海洋沉积物环境中，硫酸盐还原菌会迅速清除所有可用的醋酸，硫酸盐被消耗后，二氧化碳还原型产甲烷作用才会成为主导。因此，二氧化碳还原型甲烷生成被认为是海洋环境生物甲烷产生的主要方式。因为在淡水沉积物中缺乏硫酸盐，醋酸发酵型甲

烷生成占主导地位(Bates et al.，2011)。

  温度和盐度也可能是影响微生物生长和产甲烷菌代谢的重要环境条件。例如，在80℃以上的温度明显抑制产甲烷菌的生长。有学者认为高盐度也可能影响产甲烷古菌的生存。在总盐度高达2mol/L时，产甲烷菌能有效地利用醋酸盐。而在更高的盐度下，二氧化碳还原型产甲烷方式也可持续存在。例如，最近培育的二氧化碳还原型产甲烷菌能在3.4mol/L的盐度下生长。虽然一些研究推断出二氧化碳还原产甲烷菌比醋酸发酵产甲烷菌更具耐盐性，但近年来的原位微生物活性分析表明，这两种途径具有相似的耐盐性。也有研究认为甲基营养型产甲烷方式被认为比二氧化碳还原型或醋酸发酵型甲烷生成更耐盐(Oren et al.，2011)。除此之外，最近的微观实验也证明产甲烷菌活动的可耐盐度范围与温度有关。在较低的温度下许多浅部煤层形成的生物成因气，二氧化碳还原型产甲烷菌比醋酸发酵型产甲烷菌更耐盐；而在60℃时，这两种途径的耐盐性都降低。

  虽然较高的总固体溶解度水平会限制甲烷的活性和生物甲烷的产生，但已有研究证明，生物甲烷生成活动在超过70 000mg/L的溶质浓度条件下仍然活跃。此外，淡水补给可以明显提高产甲烷菌活性，而生物气的积累也与煤盆地边缘的淡水补给有关(Rahman et al.，2011)。一项西伯利亚东部研究表明，在小型沉积物储层大量的新鲜有机物快速补给的情况下，醋酸发酵型和二氧化碳还原型同样可以被激发产生甲烷。然而，在较大的沉积物盆地中由于有机供应有限，生物甲烷主要是由二氧化碳还原型产生(Unal et al.，2012)。地下水相对较长的滞留时间和基质不足有助于二氧化碳还原型产甲烷作用，而在厌氧条件下快速补给的地下水径流和充足的新鲜有机物有助于醋酸发酵型产甲烷作用(Davis et al.，2018)。

  在柿庄南区块3号煤储层水环境中，考虑到盐度(<1meq/L)和总固体溶解度(<5000mg/L)远小于产甲烷菌可承受的取值范围，可以忽略其对产甲烷菌的抑制作用。此外，煤岩含水层的pH和温度也有利于产甲烷菌的活动。可以推测，煤层中的微生物从研究区东缘附近晋获断裂露头处的补给水体中获得更多的有机碳和有效养分。因此，二氧化碳还原或醋酸发酵的产甲烷途径可能取决于盆地边缘的供应环境。有研究认为，氮、磷等营养物质对微生物代谢的贡献可能来自大气降水或补给区地表径流(Oren et al.，2011)。因此，可以推测营养物质浓度与距盆地边缘的距离密切相关，盆地边缘的补给区通常营养水平最高。然而，如图5-4-1所示，NH_4^+或PO_4^{3-}与总固体溶解度之间没有明显的关系，这表明含氮和磷的营养物质不仅来自东侧晋获断裂补给，而且来自有机煤大分子的分解作用。

  从图5-4-2中可以看出，深红色代表微生物群落相对较高的相似性，很明显，产甲烷途径相似的样品通常具有更相似的微生物群落组成。

  基于同位素分析和微生物测序结果的二氧化碳还原或醋酸发酵产甲烷在研究区的分布如图5-4-3所示。在晋获断裂盆地边缘附近，产甲烷作用以醋酸发酵为主，西北地区大部分采样点逐渐以二氧化碳还原产甲烷作用为主。晋获断裂带附近的补给水似乎有利于醋酸发酵产甲烷作用的增强或者抑制了二氧化碳还原产甲烷作用。

  沿着地下水径流路径的微生物群落分布显示出煤储层中微生物的变化差异，这意味着

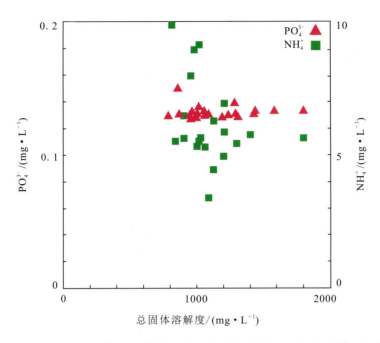

图 5-4-1 柿庄南区块煤层气产出水总固体溶解度与 NH_4^+ 和 PO_4^{3-} 浓度的关系

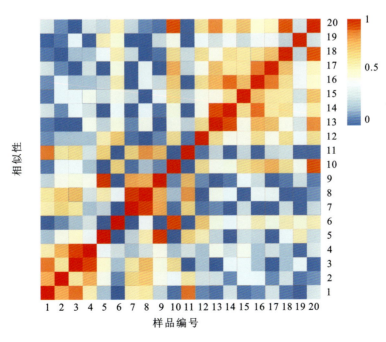

图 5-4-2 柿庄南区块煤层气产出水微生物群落相似性热图

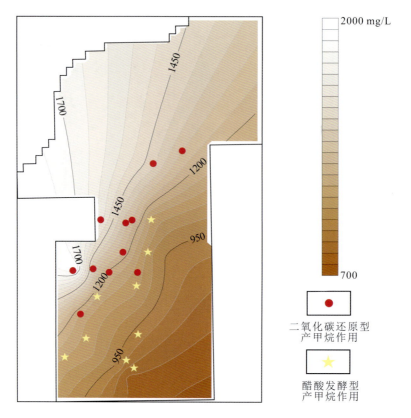

图5-4-3 柿庄南区块总固体溶解度及二氧化碳还原和醋酸发酵产甲烷方式分布图

地下水环境的变化可能导致相应的生物地球化学和微生物群落变化。以煤和其他碳氢化合物降解为特征的细菌丰度在开放且有机物来源广泛的情况下相应增加(Stolper et al.,2014)。此外,在逐渐缺氧的环境中观察到古菌丰度和产甲烷多样性,微生物末端电子受体(如硫酸盐)的耗尽表明有利的还原条件刺激产甲烷菌的代谢活性。

6 柿庄南煤储层水的生物地球化学和相关氧化还原梯度对煤层气生产的指示意义

6.1 主要离子含量和煤层气产能的关系

煤层气资源作为一种非常规能源在全球范围内得到了广泛开发,它也被确立为对人类健康和环境安全有益的高效清洁能源。煤层气在地层压力下储存在煤层的微孔结构中。从煤层气储层开采煤层气的过程中,为了有效地降低储层压力,使煤层气从煤体结构进入井筒中,必须将煤层气储层中的水排出。同时,通过抽采和降压产出煤层气必然会产生大量的水。煤储层与地下水中存在多种地球化学作用。因此,煤层气井产出水的水质是煤层气储层水文地球化学过程的一个指标,可以为其演化作用提供丰富的信息(Moore, 2012)。此外,煤层气井产出水的地球化学特征可以作为人们更好地了解煤层气保存和富集的工具。煤层气开采过程中产出水的地球化学(水文地球化学和生物地球化学)特征被认为是研究煤层及其相关含水层的关键之一(Wu et al., 2018)。

沁水盆地南部柿庄南区块的煤储层水的地球化学特征类似于全球其他重要的煤层气生产地,其主要特点是高浓度的 Na^+、K^+、HCO_3^- 和低浓度的 Ca^{2+}、Mg^{2+}、SO_4^{2-} (Cai et al., 2011; Tao et al., 2014; Zhang et al., 2016)。在以往的研究中,煤层气产出水的地球化学分析数据为地下水的演化提供了有用信息。例如,煤层气产出水的来源可能是连接了相邻的含水层,而这些含水层通常会阻碍压降漏斗的形成,导致产气量低或不产气(Bates et al., 2011)。此外,同位素特征可以提供关于地下水的起源和演化的信息,根据以前的几项研究,这是评价煤层气产量的有效工具。例如,煤层气井产出水的氢氧同位素分析反映了煤含水层的氧化还原条件和水岩反应。δD 漂移与溶解无机碳(DIC)的 $\delta^{13}C$ 值为正时,通常该井具备较好的煤层气产量(Grasby et al., 2010; Zhang et al., 2015)。因此,这些方面可以用来帮助分析煤层气勘探过程中产气情况。

目前,除上述常规分析外,大部分对煤储层水的研究仅仅简单依据其地球化学特征,没有充分考虑煤层气的开发和生产(Golding et al., 2013; Kinnon et al., 2010),也很少有研究对煤层水地球化学和同位素与微生物活动建立联系,从而为确定地下水环境和煤层气产量之间的关系提供证据,以此来评价煤层气的储存条件和产能情况。特别是硫酸盐还原菌被认为是在有足够硫酸盐可用的情况下比产甲烷菌更具活性,而产甲烷菌在低硫酸盐浓度的条件下更活跃(Barker and Fritz,1981)。不同细菌在不同的氧化还原条件下,通过利用硫酸盐和硝酸盐进行硫酸盐还原和反硝化反应(Mayumi et al.,2016),这就为判断氧化还原条件并且评价储层封闭性和煤层气产量提供了重要依据。

为了全面分析煤层水的地球化学特征,在一年内3个不同季节时间段分别在柿庄南区块共采集61个煤层气井产出水水样(表6-1-1)。所有选定的煤层气井均在2013年之前投产,且排采阶段相对稳定。在取样前,对5L高密度聚乙烯采样瓶进行高温灭菌,然后用目标水样冲洗3次。为了进行化学和同位素分析,这些瓶子被装满并用瓶盖密封以减少顶部空气,在采样过程中不与煤层气井管道接触,防止污染。此外,由于井口水流量大,排水稳定,不需要对水样进行过滤和酸化。

煤层气井产出水中的化学成分为研究地下水演化提供了一种有效方法。主要离子Na^+、Ca^{2+}、Mg^{2+}、K^+、HCO_3^-、Cl^-、CO_3^{2-}和SO_4^{2-}等通常占据了煤层气井产出水溶质的绝大部分(Owen et al.,2015;Pashin et al.,2014)。研究区主要阳离子和阴离子的关键地球化学分布与其他重要的煤层气开发区相似(Flores et al.,2008;Rice et al.,2008)。主要阳离子含量按浓度排列顺序为:$Na^+ > Ca^{2+} > K^+ > Mg^{2+}$,主要阴离子含量按浓度排列顺序为:$HCO_3^- > Cl^- > CO_3^{2-} > SO_4^{2-}$。根据$Na^+$、$Ca^{2+}$、$Mg^{2+}$、$K^+$和$HCO_3^-$、$Cl^-$、$CO_3^{2-}$、$SO_4^{2-}$等主要阴阳离子计算总固体溶解度(TDS),其范围为703.18~2 270.39mg/L。如图6-1-1所示,回归分析显示Na^+和HCO_3^-与TDS呈正相关,相关系数分别为0.95和0.75。

随着地下水的演化和迁移,各种化学反应强烈地影响着地下水地球化学的组成(Pan and Wood,2015)。Na^+的浓度在206.94~608.80mg/L之间,在阳离子中占主导地位。由本书4.1节分析可知,煤储层水中Na^+的主要来源是盐岩(NaCl)的溶解,以及硅酸盐风化释放Na^+。除矿物溶解外,Ca^{2+}或Mg^{2+}与Na^+之间的离子交换等二次过程也可导致Na^+的富集(Warner et al.,2013)。Ca^{2+}和Mg^{2+}的浓度分别为0.86~6.38mg/L和0.51~4.32mg/L,Ca^{2+}和Mg^{2+}可能来源于碳酸盐和伴生矿物的溶解。Ca^{2+}和Mg^{2+}浓度的降低在一定程度上主要受煤储层环境中无机碳酸盐沉淀和阳离子交换的影响(Jian and Lu,2017)。HCO_3^-的浓度在368.54~1 177.86mg/L之间,在阴离子中占主导地位,HCO_3^-主要通过有机物的分解、甲烷的氧化和碳酸盐的溶解来富集。Cl^-的浓度在39.03~256.04mg/L之间,煤含水层中的Cl^-一般来源于煤岩中的蒸发岩(Cheung et al.,2010)。SO_4^{2-}来源于硅酸盐矿物和石膏矿物的溶解,硫化物矿物如黄铁矿的表面氧化也会增加煤储层水中的SO_4^{2-}含量。值得注意的是,通过硫酸盐还原菌的硫酸盐还原作用,SO_4^{2-}在煤层水中逐渐减少。在本研究中,SO_4^{2-}浓度特别低,在0~7.62mg/L之间。因此,地球化学活动的共同作用如生物效应、阳离子交换、某些矿物的沉淀和溶解导致了煤层水最终的地球化学特征。

根据以往的研究,浓度较高的HCO_3^-、Na^+以及浓度较低的SO_4^{2-}、Ca^{2+}和Mg^{2+}常常伴随煤层气井的高产气量。一般来说,补给区和径流区的SO_4^{2-}、Ca^{2+}和Mg^{2+}浓度相对于滞留区高。同时,HCO_3^-和Na^+的含量在滞流区普遍较高。滞留区具有一定的封闭条件,地层压力较大,含气量大,有利于煤层气的储层和富集(Kong et al.,2017;Tao et al.,2017)。虽然高煤层气产量与高含量的HCO_3^-和Na^+和低含量的SO_4^{2-}、Ca^{2+}、Mg^{2+}有关,但并不是所

6 柿庄南煤储层水的生物地球化学和相关氧化还原梯度对煤层气生产的指示意义

表6-1-1 柿庄南区块三次煤层气井产出水样主要离子与同位素参数

采样	时间	样品数/个	Na^+/(mg·L^{-1})	HCO_3^-/(mg·L^{-1})	SO_4^{2-}/(mg·L^{-1})	NO_3^-/(mg·L^{-1})	TDS/(mg·L^{-1})	δD/‰	$δ^{18}O$/‰	$δ^{13}C_{DIC}$/‰
第一轮	2018年10月	17	206.94~523.13	368.54~905.50	0~7.62	19.80~64.23	703.18~1 718.04	−84.93~−69.29	−11.42~−10.53	−40.37~−13.04
第二轮	2019年2月	21	242.02~628.80	388.16~1 177.86	0~7.20	5.14~58.61	775.29~2 270.39	−81.17~−72.53	−11.78~−10.21	−35.66~−11.14
第三轮	2019年6月	23	202.86~462.17	408.07~870.19	0~6.50	7.07~67.20	880.35~1 455.3	−78.17~−72.27	−8.78~−9.79	−38.78~−11.63

有的离子浓度都与煤层气产量相对应。在柿庄南区块，HCO_3^- 和 Na^+ 与产气量有很强的相关性。从图6-1-2可以看出，在研究区比较煤层气井产出水的 HCO_3^- 和 Na^+ 浓度与产气量的关系发现，Na^+ 浓度大于300mg/L 和 HCO_3^- 浓度大于600mg/L一般是中高产气量的井产出水的共同特征。

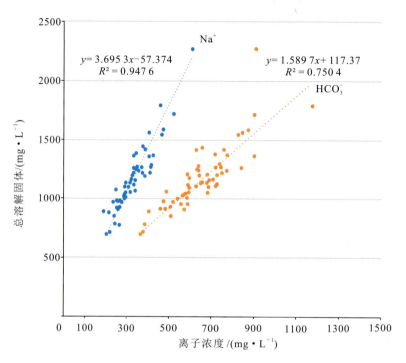

图6-1-1 柿庄南区块煤层气井采出水总溶解固体度(TDS)与 Na^+、HCO_3^- 浓度的分布关系

在地下水地球化学条件方面，煤层气井之间的差异可能是由于煤层气储层环境和随时间变化的排水模式造成的。一方面，由于生产周期长、排水量大，导致压降范围扩大，有利于碳酸盐溶解和阳离子交换，从而增加了 HCO_3^- 和 Na^+ 的含量。另一方面，在煤层气生产周期内，更多的 CO_2 进入煤层水是高产气井产出水中 HCO_3^- 增加的另一个重要因素(Vidic et al.，2013)。

6 柿庄南煤储层水的生物地球化学和相关氧化还原梯度对煤层气生产的指示意义

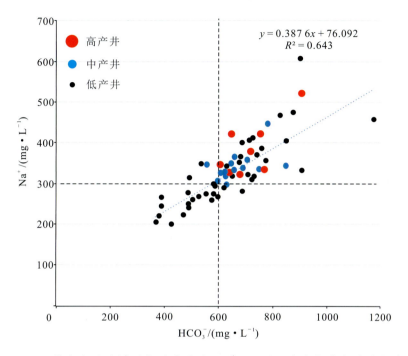

图 6-1-2　柿庄南区块煤层气井产出水 Na^+、HCO_3^- 浓度与产气量的分布关系

6.2　氢氧同位素特征及其与煤层气产能的响应

沉积盆地地层水的氧和氢同位素组成变化很大,但通常分布在大气降水线的附近。如图 6-2-1 所示,研究区水样的氢氧同位素值在中国大气降水线和局部大气降水线附近的分布表明,煤层气共生水来自大气降水。地下水中氢氧同位素在蒸发、高温水岩相互作用与海水混合作用的情况下,通常分布在中国大气降水线和局部大气降水线的右侧。然而,中国大气降水线和局部大气降水线左侧的同位素分布可能受到产甲烷作用、低温水岩相互作用和开放二氧化碳体系等因素的影响。在研究区,生物甲烷生成和低温水岩相互作用是水样中氢氧同位素落在中国大气降水线和局部大气降水线左侧的主要原因。低温水岩相互作用,特别是煤储层碳酸盐的析出,导致 ^{18}O 的耗竭和 D 的富集。考虑到煤系的水文特性,开放系统二氧化碳溶解是一个不太可能的过程,煤层水通常受到渗透性较差的限制并在局部或盆地边缘接受补给。高产气量煤层气井产出水的氢氧同位素通常沿着中国大气降水线和局部大气降水线的左侧分布。

柿庄南区块煤层气井产出水的 δD_{H_2O} 和 $\delta^{18}O_{H_2O}$ 范围分别是 $-84.93‰ \sim -69.29‰$ 和 $-11.78‰ \sim -8.78‰$。根据局部大气降水线评价地下水的来源(Zhang et al., 2015),局部大气降水线的表达式如下:

$$\delta D = 7.01 \delta^{18} O + 0.11 \qquad (6-2-1)$$

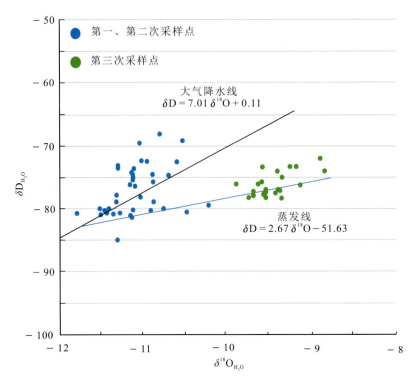

图 6-2-1　柿庄南区块 $\delta^{18}O_{H_2O}$ 与 δD_{H_2O} 沿局部大气降水线和蒸发线的分布情况

基于之前的研究，δD_{H_2O} 和 $\delta^{18}O_{H_2O}$ 沿局部大气降水线的分布可以作为依据来确定煤层水的来源（图 6-2-1）。这些水的氢氧同位素位于局部大气降水线的两侧，其中一些由于 D 漂移位于大气降水线上方或左边，另外一些由于 ^{18}O 漂移位于大气降水线的下方或右边。另外，一些水的氢氧同位素分布在局部蒸发线附近（Zhang et al.，2015），蒸发线的表达式如下：

$$\delta D = 2.67\delta^{18}O - 51.63 \qquad (6-2-2)$$

根据以往的研究，由于高温水岩作用和蒸发作用，同位素有可能移至大气降水线的右下方。在这项研究中，观察到 $\delta^{18}O_{H_2O}$ 相对变化较大，表明 ^{18}O 漂移与相邻含水层相关。可以推断煤储层水与相邻的富 ^{18}O 碳酸盐交换 O（Wang et al.，2013），导致煤层水 ^{18}O 漂移，其表达式如下：

$$CaCO_2{}^{18}O + H_2O \longrightarrow CaCO_3 + H_2{}^{18}O \qquad (6-2-3)$$

因此，煤储层水具 ^{18}O 漂移特征说明沟通相邻含水层，因此无法形成有效的压降漏斗，导致相应的煤层气产量较低。相反，D 漂移表明水来源于煤储层，与相邻含水层的连通性较弱，煤层气井产气量较高。

一般来说，D 漂移是由开放的二氧化碳系统、微生物作用和低温水岩作用共同导致（Zhang et al.，2018）。这些过程利用地下水分子中的 H，导致残留地下水中的 D 富集。在本研究中，低温水岩作用和生物活动往往会导致煤层水 D 漂移（Bao et al.，2016；Hamilton et al.,2014)。此外,煤储层水经热演化和硫酸盐还原生成硫化氢可能也会导致氢同位素交换(Wang et al.,2013),其表达式如下:

$$HDS + H_2O \Longleftrightarrow H_2S + HDO \qquad (6-2-4)$$

此外,以往研究表明,在封闭性较好的煤储层条件下,各种含烃基化合物的烃交换进一步导致 D 漂移,其表达式如下:

$$H_2O + D(煤) \longrightarrow HDO + H(煤) \qquad (6-2-5)$$

这些结果表明,D 漂移可能是高产气量的一个重要的指标。相反,^{18}O 漂移可以被视为低产气量重要的预测指标(Huang et al.2017)。因此,为了准确判断氢氧同位素与局部大气降水线的相对位置,应用 D 漂移指数(DDI),其表达式如下:

$$DDI = \delta D - 7.01\delta^{18}O - 0.11 \qquad (6-2-6)$$

当 DDI 值大于 0 时,氢氧同位素分布点位于局部大气降水线之上,当 DDI 值小于 0 时,氢氧同位素分布点位于局部大气降水线之下。因此,煤层气井产出水的 DDI 值越高,表明煤层气产量越高。如图 6-2-2 所示,大多数 DDI 值与煤层气产量呈正相关关系,即 DDI 值越大煤层气产量越大。结果表明,该煤层具有良好的封闭性和适当的流体运移,有利于压降漏斗的延伸,因此煤层气产量较高。然而,雨季(6月)的样品数据似乎并不符合这一规律,这意味着这些水样中氢和氧同位素的分馏是由大气降水引起的。因此,煤储层水的氢氧同位素受多种因素影响,不能作为煤层气生产的可靠指标。

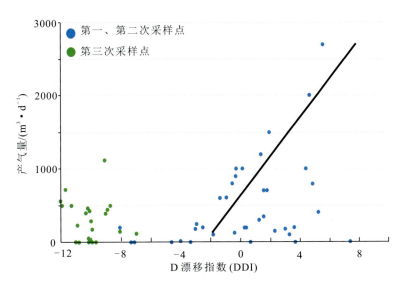

图 6-2-2 柿庄南区块煤层气井产出水 D 漂移指数(DDI)和产气量的分布关系

6.3 溶解无机碳同位素在煤层气勘探中的应用

通过上述分析可知,地下水氢氧同位素的变化受多种因素影响。因此,微生物的活动并不是影响煤储层水中氢氧同位素的唯一因素。相比之下,煤储层水中无机碳同位素受产甲烷菌代谢活动的影响较大。无机碳的总量即为溶解无机碳(DIC),包括溶解碳酸盐、碳酸氢盐、碳酸和二氧化碳。大部分的煤储层水含有丰富的溶解无机碳,主要来源于有机物分解和碳酸盐溶解,它们有着明显负的溶解无机碳同位素($\delta^{13}C_{DIC}$),而正的$\delta^{13}C_{DIC}$值与还原煤层环境下的产甲烷菌等微生物活动相关(Li et al.,2016; Li et al.,2019)。煤层气井产出水溶解生物或混合成因煤层气时,可能存在随着碱度(HCO_3^-)的增加而呈现$\delta^{13}C_{DIC}$值增加的趋势。

研究区内的$\delta^{13}C_{DIC}$有正值和负值(图6-3-1),$\delta^{13}C_{DIC}$为负值主要归因于有机物质分解或碳酸盐溶解。$\delta^{13}C_{DIC}$和碱度(HCO_3^-)有着明显的正相关,而正的$\delta^{13}C_{DIC}$值主要因为微生物活动,特别是产甲烷菌的产甲烷活动,在煤层水中消耗^{12}C,不断富集^{13}C。

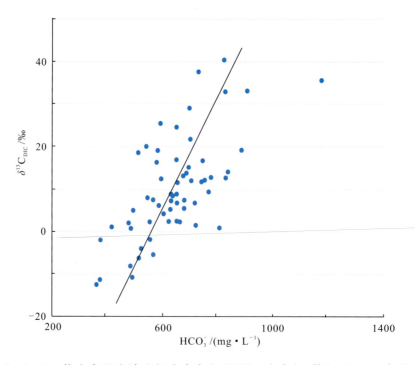

图6-3-1 柿庄南区块煤层气井产出水HCO_3^-浓度与$\delta^{13}C_{DIC}$值的分布关系

氧化或开放的浅层地下水环境通常具有明显偏负的$\delta^{13}C_{DIC}$。具有负的$\delta^{13}C_{DIC}$煤层水环境不利于煤层气的富集和开发,人们普遍认为正的$\delta^{13}C_{DIC}$可以作为煤层气储存条件和产气量良好的有效指标,因为在还原或封闭煤储层水环境中即使少量的产甲烷活动也会形成正的 $\delta^{13}C_{DIC}$(Schweitzer et al.,2019)。如图 6-3-2 所示,$\delta^{13}C_{DIC}$ 和产气量的对应关系表明负的 $\delta^{13}C_{DIC}$ 值通常伴随较低的煤层气产量。然而,正的 $\delta^{13}C_{DIC}$ 值区域影响煤层气产气量的因素相当复杂,高产气量和中等产气量与适中正的 $\delta^{13}C_{DIC}$ 值(0～25‰)相关,而 $\delta^{13}C_{DIC}$ 值高于 25‰ 只存在低产气量特征。负的 $\delta^{13}C_{DIC}$ 值代表对煤层气储存相对不利的环境,导致产气量不理想。当 $\delta^{13}C_{DIC}$ 值逐渐增长为正值时,理想的煤层气储存条件开始形成并出现中高产气量。尽管如此,随着 $\delta^{13}C_{DIC}$ 值的增加,更加封闭的环境和更低的渗透率代表地层压力不能有效释放形成压降漏斗,因此除非在合理范围内,正的 $\delta^{13}C_{DIC}$ 值并不能完全代表高的产气量,柿庄南区块高产气井 $\delta^{13}C_{DIC}$ 值的合理范围是 0～25‰。然而,$\delta^{13}C_{DIC}$ 值较高的井通常具有增产潜力。

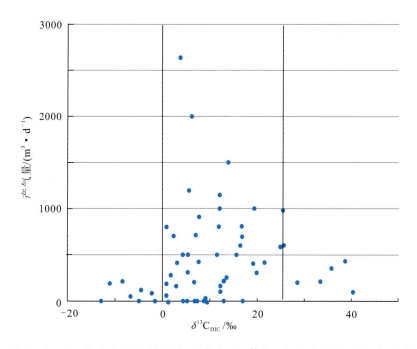

图 6-3-2 柿庄南区块煤层气井产出水 $\delta^{13}C_{DIC}$ 值和产气量的分布关系

6.4 微生物活动的氧化还原参数特征在煤层气勘探中的应用

随着储层中 SO_4^{2-} 的消耗和含水层的演化,一个相对还原的地下水环境逐渐建立。高产气量煤层气井产出水的 SO_4^{2-} 含量一般不超过 1meq/L(Humez et al.,2016)。在研究区,SO_4^{2-} 的浓度通常很低,其范围在 0～7.62mg/L 之间。柿庄南区块的所有样品的 NO_3^- 含量在 5.14～64.00mg/L 之间。

生物地球化学指标,特别是 SO_4^{2-} 和 NO_3^- 浓度及其相关同位素组成是评价氧化还原环境的重要指标。例如,可忽略的 SO_4^{2-} 和 NO_3^- 含量指示了有利于煤层气保存和富集的还原环境。图 6-1-2 中 HCO_3^- 含量的增加一定程度上是由在还原环境下硫酸盐还原菌引起的硫酸盐还原反应造成的。

如图 6-4-1(a)所示,煤层气井产出水 SO_4^{2-} 浓度高而通常该井没有很好的产气量,SO_4^{2-} 浓度低似乎更有利于煤层气的储存,这一规律在煤层气和页岩气开发过程中曾被报道(Hakil et al.,2013;Huang et al.,2017)。然而,NO_3^- 浓度较低的水样产气量相对较低,与我们的预测不一致。如图 6-4-1(b)所示,煤层气井的高产气量只在微生物尚未完全消耗 NO_3^- 的情况下检测到。图 6-4-2 所示的氧化还原阶梯概念进一步支持了这一现象。

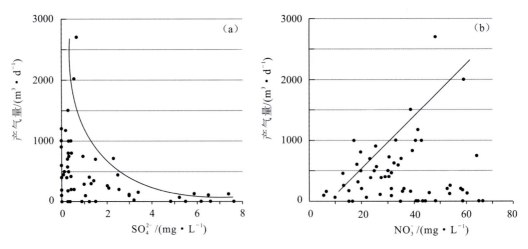

图 6-4-1　柿庄南区块煤层气井产出水氧化还原
指数 SO_4^{2-}(a)和 NO_3^-(b)与产气量的关系

图 6-4-2 是用不同彩色点表示不同的煤层气产量情况下 SO_4^{2-} 和 NO_3^- 浓度的分布图。在研究区,这些 SO_4^{2-} 和 NO_3^- 浓度都相对较高的煤层水相对应的煤层气井产气量相对较少,说明开放或氧化煤储层水环境反硝化和硫酸盐还原反应都不能完全进行,开放的环境限制了煤层气的储存。煤层气井产出水具有低 SO_4^{2-} 浓度和高 NO_3^- 浓度特征的井通常具有相对最高的煤层气产量,说明适宜的封闭环境有利于煤层气的储存与开发。SO_4^{2-} 和 NO_3^- 浓度都较低的井煤层气产量不高,因为细菌反硝化和硫酸盐还原作用完成,形成了最佳的还原环境(Doerfert et al.,2009),这些条件适合煤层气的保存和富集,但煤层的渗透率较差,形成压降漏斗和从煤层孔隙中释放气体的能力有限,这与氧化还原阶梯概念相一致。

此外,如图 6-4-3 所示,适当正的 $\delta^{13}C_{DIC}$ 值和可忽略的 SO_4^{2-} 浓度的水样代表着适当的还原环境,包含了最多的高产气量和中产气量的煤层气井。相比之下,具有较高 SO_4^{2-} 浓度和较低 $\delta^{13}C_{DIC}$ 值的水样代表相对开放或氧化的环境,通常对应低产气井。这也证明了硫酸盐还原菌的硫酸盐还原作用会抑制产甲烷菌活性这一假设(Barnhart et al.,2016;Jones et al.,2010)。同时,被圆圈标记的有最高的 $\delta^{13}C_{DIC}$ 值和可忽略的 SO_4^{2-} 浓度的区域只有低产气井,这是因为最好的还原环境不利于压降漏斗的拓展和地下流体的运移,因此不利于煤层气的开发。并且,具有最高的 $\delta^{13}C_{DIC}$ 值和可忽略的 SO_4^{2-} 浓度的煤层气井可以通过水力压裂等有效措施来提高产量。

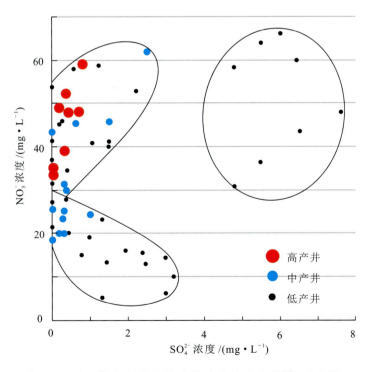

图 6-4-2　柿庄南区块煤层气井产出水中 SO_4^{2-} 和 NO_3^-
浓度与产气量的分布关系

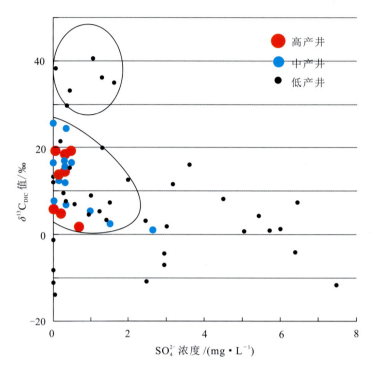

图 6-4-3 柿庄南区块煤层气井产出水 SO_4^{2-} 浓度和 $\delta^{13}C_{DIC}$ 值与产气量的分布关系

7 煤的生物气化增产措施研究进展

近年来,利用微生物的代谢作用对煤进行生物降解生成甲烷的设想和研究不仅能够提高煤层气产量和能源利用率,而且可以减少煤炭开采和环境污染。已探明的煤炭储量中只有极少部分可利用现有的矿井设备进行开采,不可开采的煤炭资源占世界煤炭资源总量的90%以上。巨大的不可开采地下煤炭储量为煤层气的开采提供了物质条件,也为生物成因气的增产提供了发展机遇。

20 世纪初就已发现微生物可代谢煤,细菌和真菌对煤的生物降解作用在 20 世纪 80 年代得到普遍认可。2007 年,Shimizu 等首次报道了日本北海道煤层中的微生物群落,并测定了煤层气储层水中细菌和古菌的多样性。微生物强化煤层气(MECBM)的概念由 Scott 于 1999 年提出,最初旨在增加生物成因煤层气的产量和改善煤储层的渗透性。在国内,苏现波等(2020)提出将微生物的代谢作用与现代工程技术手段相结合,加速煤降解为煤层气和液态有机物,即煤层气生物工程(CGB)。在自然条件下,煤厌氧发酵产出甲烷量很小,可以将微生物菌群或其活性营养物注入煤层以激活微生物降解煤的能力产出甲烷,用以实现煤层气的增产。诸多学者发现煤层含有以煤为炭源产出生物气的原位微生物群落,世界各地煤层气储层普遍存在煤生物降解相关的必要细菌和产甲烷古菌。

煤是一种难降解且极不均匀的有机材料,很难完全表征其化学组成特征。与其他有机物一样,煤的厌氧氧化需要细菌、真菌与古菌群落之间的共营养作用。厌氧微生物的主要代谢目标是煤的不稳定组分,可将其转化为一系列挥发性脂肪酸等中间体。这些关键中间体的厌氧生物转化一直是许多研究的主题,煤的非均质性和复杂的芳香族结构决定了煤的生物转化是一个非常缓慢的过程,即煤的生物有效利用性是限制其生物转化的重要因素。迄今为止,大部分研究集中于煤层气储层的微生物调查、煤层水的化学分析和确定生物甲烷生成的影响因素,这些研究可以提高煤的生物有效性、促进微生物代谢和产甲烷进程。本章就煤的生物气化过程中微生物的多样性与煤的理化性质、煤的生物气化的影响因素和煤的生物气化增产措施等方面展开微生物代谢增产煤层气研究进展与前景讨论。

7.1 煤的生物气化过程中微生物的多样性与煤的理化性质

7.1.1 细菌群落的多样性

煤生物成气环境中的细菌群落十分复杂,几乎涉及各类厌氧型细菌,但占主要成分的细菌往往属于某几个相同的分类。在门水平上主要存在的细菌种类有厚壁菌门(Firmicutes)、拟杆菌门(Bacteroidetes)、变形菌门(Proteobacteria)、绿弯菌门(Chloroflexi)和螺旋菌门(Spirochaetae)(Giang et al.,2018;Fuertez et al.,2017)。

日本某矿井内的细菌群落中,醋酸杆菌(*Acetobacter*)、互营菌属(*Syntrophobacter*)及属于厚壁菌门(Firmicutes)和变形菌门(Proteobacteria)的微生物类型为主要组成(Scott et al.,1999)。印度某地矿井水样本的细菌种群的研究表明该地矿井水中主要细菌有固氮弧菌(*Azonexus*)、固氮螺菌(*Azospira*)、脱氯单胞菌(*Dechloromonas*)和陶厄氏菌(*Thauera*)。不同地区的煤层和矿井水中的细菌种群存在较大差别,其中煤中的菌种主要为 α-变形菌纲(α-*Proteobacteria*),矿井水样本中的菌群则以 β-变形菌纲(β-*Proteobacteria*)、ε-变形菌纲(ε-*Proteobacteria*)和拟杆菌门(Bacteroidetes)为主(Guo H G et al.,2021;He et al.,2020)。变形菌门(Proteobacteria)在鄂尔多斯盆地煤层气储层地层水、煤和岩石的微生物群落都占据主导。煤和岩石样品中的细菌群落在相同水平上是相似的,但与水样相比却有所不同,古菌的群落组成也是如此(Guo H G et al.,2019a,2020)。

变形菌门(Proteobacteria)是主要细菌种群,占总细菌的 40%。其次为拟杆菌门(Bacteroidetes)、厚壁菌门(Firmicutes)、放线菌门(Actinobacteria)、绿弯菌门(Chloroflexi)和疣微菌门(Verrucomicrobia)。在属水平上主要为新鞘氨醇杆菌属(*Novosphingobium*)、红杆菌属(*Rhodobacter*)、反硝化菌属(*Denitratisoma*)、*Georgfuchsia*、*Ferruginibacter*、*Haliscomenobacter*、*Terrimonas*、芽孢杆菌属(*Bacillus*)和梭菌属(*Clostridium*)等(Guo H G et al.,2019b)。有学者研究具备产甲烷能力的厌氧污泥发酵罐内细菌群落,发现变形菌门(Proteobacteria)、拟杆菌门(Bacteroidetes)和厚壁菌门(Firmicutes)为最主要的几类细菌,占总细菌群落的 90% 以上。与此相似的还有美国伊利诺斯(Illinois)盆地内的煤田,其中的细菌群落主要为 α-变形菌纲(Alphaproteobacteria)、厚壁菌门(Firmicutes)、拟杆菌门(Bacteroidetes)和螺旋菌门(Spirochaetes)。厚壁菌门(Firmicutes)、变形菌门(Proteobacteria)和拟杆菌门(Bacteroidetes)是以原煤为底物时最主要的细菌物种,添加藻类、蓝藻或酵母细胞可使其群落组成发生变化(Guo H Y et al.,2019a)。

7.1.2 古菌群落的多样性

煤层环境中最常见、最主要的古菌是产甲烷菌，属广古菌门。其次，也常见微量的其他古菌，如泉古菌门、奇古菌门以及未分类的古菌等。如今已分离鉴定的产甲烷菌共分属3纲5目，为甲烷火菌目（*Methanopyrales*）、甲烷球菌目（*Methanococcales*）、甲烷杆菌目（*Methanobacteriales*）、甲烷八叠球菌目（*Methanosarcinales*）和甲烷微菌目（*Methanomicrobiales*）（Su et al.，2018）。相对于细菌，产甲烷菌能利用的底物十分有限，主要有乙酸、甲基、甲氧基、氢气等，近年来也有报道以苯甲氧基为底物的产甲烷菌。在煤层环境中广泛存在着微生物之间的共生关系，这种关系不仅存在于细菌之间，也存在于古菌和细菌之间。因此，细菌群落种类对古菌群落常有重要影响（Guo H Y et al.，2018）。

甲烷囊菌属（*Methanoculleus*）和甲烷叶菌属（*Methanolobus*）为优势古菌，其中前者主要以氢气和二氧化碳为底物，而后者以甲基类化合物为底物。广古菌门（Euryarchaeota）是最主要的古菌菌群，另还有少量的其他门分类的古菌，如泉古菌门（Crenarchaeota）和奇古菌门（Thaumarchaeota）。在属水平上，甲烷杆菌属在试验所有阶段都是最丰富的，其次为甲烷球形菌属（*Methanosphaera*）、甲烷微菌纲（*Methanomicrobia*）和甲烷八叠球菌属（*Methanosarcina*），另外还有少量可检测到的甲烷绳菌属（*Methanolinea*）、甲烷鬃毛菌属（*Methanosaeta*）和甲烷螺菌属（Methanospirillum）（Wang et al.，2019）。甲烷八叠球菌目（*Methanosarcinales*）、甲烷杆菌目（*Methanobacteriales*）和甲烷微菌目（*Methanomicrobiales*）是最主要的几类古菌，占总古菌数量的99.9%以上（Guo H Y et al.，2019b）。*Methanosaeta*是以煤为底物的优势古菌属，然而在培养基中添加藻类、蓝藻或酵母细胞时，优势菌则为*Methanospirillum*或*Methanoregula*。在研究不同环境微生物群落时发现，甲烷叶菌属（*Methanolobus*）是岩石和煤样品中的优势物种，而水样中除含有*Methanolobus*外，还含有较多的甲烷八叠球菌属（*Methanosarcina*）（Wang et al.，2019a）。

产甲烷菌是一种可以通过代谢有机质和无机质产生甲烷以及二氧化碳的古菌，在多数自然环境中都能看到其身影。目前伴随能源短缺等因素，产甲烷菌的特征研究逐渐深入。产甲烷菌的研究始于1899年，Schnellen第一个从消化污泥中分离纯化得到甲酸甲烷杆菌和巴氏甲烷八叠球菌。Sohugen对甲烷菌的特征及对物质转化作用进行了详细的研究（Wang et al.，2019b）。Baker对奥氏甲烷菌进行了分离提纯研究，但由于厌氧分离甲烷菌技术尚不完备，这些研究均未取得大进展。直到1950年Hungate第一次创造了无氧分离技术才使产甲烷菌的研究得到了迅速的发展。之后诸多学者从产甲烷菌的形态、结构、生理、生化及生态学等多方面进行了研究，为厌氧消化技术的应用提供了坚实的理论基础。1974年Bryant首次提出了产甲烷菌（*Methanotrops*）一词，将其与以甲烷为能量来源的嗜甲烷菌

(*Methanotrohs*)区分开来(Guo H Y et al., 2020)。到目前为止,分离鉴定的产甲烷菌已有 200 多种。它们存在于沼泽、湖泊、海洋沉积物及瘤胃动物的胃液等自然生态系统中,也存在于废水处理、堆肥和污泥消化等非自然的生态系统中(Hazrin – Chong et al., 2021)。

油田与煤层中相继发现生物气的存在以及产甲烷菌在其中活动迹象表明,产甲烷菌在油田和煤层中伴随了整个过程,并且在代谢过程中产生大量的甲烷气体(Wang et al., 2018)。产甲烷菌在油田以及煤田的活动引起了国内外学者的注意,国内外学者针对自然环境中存在的产甲烷菌群以及油田及煤田环境下生物气特征做了大量的研究,在产甲烷菌生存特征以及煤层气中生物气的分析研究取得了一定的成果(Liu et al., 2019)。

近年来受到资源紧缺以及能源利用率低下等因素的影响,世界多国针对利用产甲烷菌对油田以及煤田进行再降解,从而对获得更多的天然气或煤层气的可行性进行了大量的论证研究工作。通过产甲烷菌群在油田以及煤田活动特征研究中表明,产甲烷菌群至今为止仍然存在于煤层之中,但是其中多数由于受到环境等条件限制处于休眠状态(Xia et al., 2021)。当周围环境条件如水源和营养源等充足时,该菌群可以由休眠状态转为活动状态,并利用煤中的有机质转化为碳源,完成代谢过程,产出甲烷(Yang et al., 2019)。

根据微生物群落的系统发育特征与煤的复杂性、异质性和疏水性,煤的降解需要一系列厌氧微生物群落的联合代谢作用。首先,复杂的煤聚合物被纤维素分解菌和其他水解菌解聚成可溶的有机中间体(包括长链烷烃、长链脂肪酸和多环芳香烃等)。其次,厌氧发酵细菌将脂肪族、芳香族和其他有机中间体分解成醇类、挥发性脂肪酸和其他有机酸。产氢细菌或产醋细菌进一步将有机酸和醇降解为产甲烷菌可用底物氢气、二氧化碳和乙酸等。产甲烷菌常见的底物是氢气、二氧化碳、乙酸和氯的化合物(甲醇、甲酸盐、一氧化碳和氰化物等)。根据底物类型的不同,产甲烷菌产出甲烷方式可分为氢营养型(二氧化碳还原型)、乙酸营养型(醋酸发酵型)和甲基营养型,这些生物甲烷生成途径可同时存在。甲基营养型产甲烷方式是利用氯的化合物或一个碳原子以上但没有碳-碳双键的化合物(二甲胺、三甲胺和二甲基硫醚等)作为碳源,但较为少见。目前世界各地煤层气储层中已发现的产甲烷菌类型、可用底物及其代谢方式见表 7-1-1(Su et al., 2018;苏现波等,2020;Xia et al., 2021)。

表 7-1-1 各地储层中已发现的产甲烷菌类型、可用底物及其代谢方式

产甲烷类型	可用底物	产甲烷菌	储层
氢营养型	氢气/二氧化碳	*Methanoculleus*	临汾矿区
			粉河盆地
			日本北海道
			Gippsland 盆地

续表 7-1-1

产甲烷类型	可用底物	产甲烷菌	储层
氢营养型	氧气/二氧化碳	*Methaobacterium*	沁水盆地
			淮北煤田
			粉河盆地
			日本北海道
			印度煤矿
		Methanocorpusculu	伊利诺伊盆地
		Methanothermococcus	粉河盆地
		Methanobacteriales	Alberta 盆地
			Waikato 煤田
		Methanothermobacter	沁水盆地
			胜利煤田
			义马矿区
			印度煤矿
乙酸营养型	乙酸	*Methanorix*	胜利煤田
			焦作矿区
			鹤壁矿区
			义马矿区
		Methanobrevibacter	鹤壁矿区
			义马矿区
			平顶山矿区
			粉河盆地
		Methanolinea	胜利煤田
			焦作矿区
			印度煤矿

续表 7-1-1

产甲烷类型	可用底物	产甲烷菌	储层
乙酸营养型	乙酸	*Methanosaeta*	鄂尔多斯盆地
			湖北宜昌某煤矿
		Methanomicrobium	临汾矿区
			粉河盆地
		Methanococcus	粉河盆地
甲基营养型	甲酸 甲醇 甲胺	*Methanolobus*	鄂尔多斯盆地
			胜利煤田
			临汾矿区
			柳林矿区
			粉河盆地
			日本北海道
			Cook Inlet Basin
		Methanomethylovorans	淮北煤田
			鹤壁矿区
多种营养型	氢气/二氧化碳 乙酸 甲酸 甲醇 甲胺	*Methanosarcina*	沁水盆地
			鄂尔多斯盆地
			胜利煤田
			焦作矿区
			平顶山矿区
			义马矿区
			湖北宜昌某煤矿
			粉河盆地
		Methanosarcinales	日本北海道
			Alberta 盆地
			Waikato 煤田

7.1.3 真菌群落的多样性

关于煤层环境真菌的研究不多。大洋底下 1000～3000m 处的含煤沉积物中有很多真菌存在。子囊菌中,青霉属(*Penicillium*)和曲霉属(*Aspergillus*)是最主要的种属,其次是枝孢属(*Cladosporium*)、哈密耳属(*Hamigera*)、毛壳菌属(*Chaetomium*)、中性粒细胞属(*Eutypella*)、顶孢属(*Acremonium*)、金黄色葡萄球菌属(*Aureobasidium*)、念珠菌属(*Candida*)、欧洲调叶属(*Eurotium*)、外瓶霉属(*Exophiala*)、黑孢菌属(*Nigrospora*)、生赤壳属(*Bionectria*)和假孢菌属(*Pseudocercosporella*)(Su et al.,2018;Zhao et al.,2020)。煤层水中除厌氧型细菌和古菌外,以子囊菌和担子菌为主的真菌也是产甲烷过程的重要功能菌群。Beckmann(2018)应用分析变性梯度凝胶电泳和定量 PCR 技术发现子囊菌和担子菌参与了甲烷的生成。在生物成因气生成前期,好氧真菌对降解煤大分子结构的降解起着重要的作用。外源真菌也被用于煤生物气化的煤的预处理中,如腐木中的白腐真菌和瘤胃环境的厌氧真菌具有降解木质素和纤维素的能力,可提高煤生物气化效率(Su et al.,2018;Zhang et al.,2019)。

微生物互养关系在产甲烷体系中普遍存在,虽然产甲烷菌在煤生物产气过程中产出甲烷,但产甲烷菌的生长依赖于与其共生的其他微生物。细菌代谢中间物氧化为简单体作为底物供给产甲烷菌。产甲烷菌与互养型细菌的共培养可以促进小分子直链和支链脂肪酸,如丙酸酯、丁酸酯等的降解,并提高甲烷的转化能力(Ahmed et al.,2017)。

7.1.4 煤用于生成生物甲烷的中间代谢产物

煤的有机质由有机大分子化合物和低分子化合物构成。有机大分子化合物是由不同的有机结构单元通过共价键和非共价键连接而成的复合大分子网络,其结构单元又是由稠环芳香族和氢化芳香环族通过脂肪链连接而构成的三维网络。因此,虽然煤含有丰富的有机物,但大多难以被微生物所利用,生物有效性较低。在初始降解后,煤衍生产品可以被菌群利用。然而,这些化合物都不存在于煤中,必须通过真菌的胞外酶水解反应来产生(Su et al.,2018)。煤生物降解的理想类型为高挥发性烟煤、高挥发性亚烟煤和褐煤(Ahmed et al.,2017)。这些煤类具有复杂的聚合物结构,容易受到细菌和真菌外酶的攻击,这一阶段产生各种挥发性脂肪酸和氢气。其中一些单体芳香族化合物,如甲氧基苯甲酸酯、三甲氧基苯甲酸酯、三甲氧基肉桂酸酯、甲氧基苯酚和三甲氧基苯甲醇也可被利用产甲烷(苏现波等,2020)。

由于煤的组成复杂,其生物降解过程中会产生多种中间代谢有机产物。在微生物增产煤层气过程中,微生物首先断开煤分子中的官能团,将大分子先分解成小的结构片段。其次,微生物胞外酶作用于这些小分子物质,形成不同的中间产物。这些产物再在氧化和培养作用中转化成产甲烷底物。再次,在产甲烷菌的作用下生成甲烷。苯及其同系物被富集的产甲烷菌降解并产生甲烷,多环芳香烃通常存在于煤层水。在存在活性产甲烷菌的情况下,多环芳香烃降解的最初步骤可能为多环芳香烃降解为氢气和二氧化碳(苏现波等,2020)。最后,产甲烷菌使用氢气将二氧化碳还原成甲烷。对微生物降解煤生产甲烷的各种研究表明,在煤生物降解反应器中,已确定的产甲烷菌群存在差异性,且没有完全相同的产甲烷过程。煤在降解过程中的中间物质主要是一些长链脂肪酸、烷烃、烯烃和低分子量芳香族化合物。在次烟煤的厌氧降解过程中检测到长链脂肪酸、烷烃、烯烃和一些低分子量芳香族化合物。利用影响煤整体的各种生化途径和中间产物,可以认为生物处理后煤质有改善的可能性。研究发现,挥发性脂肪酸是煤制甲烷的关键中间体。同类型的挥发性脂肪酸、氢气、二氧化碳和甲烷等气体构成了煤的挥发性物质含量(Guo H Y et al.,2018)。

降解过程中细菌结构发生转变,由此产生的活化作用为另一种细菌提供了中间产物,这种细菌在产甲烷菌群中被称为共生菌群。这些反应提供了可被降解的代谢产物,这些产物将被产甲烷菌利用。共生菌群为产甲烷菌的生长提供了有利的代谢条件和产物(Guo H Y et al.,2019b)。所有这些菌群和中间代谢产物在煤的生物转化中起着至关重要的作用。如秸秆与煤在共降解过程中会产生大量中间代谢有机物,而特定的菌群会作用于特定的有机物,因此有机物演替规律可以反映菌群演替和代谢途径变化(Chen et al.,2018)。

7.1.5 煤用于生成生物甲烷的可用底物

可用于微生物产甲烷的能源底物有甲基化合物、乙酸、氢气和二氧化碳等小分子化合物,也有中链脂肪酸、单糖化合物,还有长链脂肪酸、多糖、纤维素和木质素等多环芳香族化合物(Guo H Y et al.,2019a)。煤炭是由高等植物和低等植物的遗骸经过地质作用形成的,具植物的典型复杂结构,包括与木质素类似的芳香族化合物、长链烷烃等。在生物产气的初期,发酵型功能微生物可以断裂煤中较弱的含氧官能团,使其成为小分子的有机化合物(王爱宽等,2015)。

用溶剂萃取以煤为底物的产甲烷体系培养基中的有机组分,发现长链和中链脂肪酸(C_{10}—C_{18})、长链烷烃(C_{16}—C_{24})和单环芳香烃。这些研究表明,由煤溶出的可溶于水的小分子有机物是微生物进行产气的重要底物。长链烷烃与棕榈酸在以煤为底物的产气体系可被检测到,且含量与甲烷产量息息相关。与煤类似的有机物质也是产甲烷微生物的良好底物(王爱宽等,2012)。土壤沉积物、树林、油田、厌氧污水、瘤胃环境动物的肠道和粪便都含可利用的底物。白蚁肠道内的产甲烷菌通过白蚁摄入的木材为底物可产生大量的甲烷。

7.1.6 厌氧生物产气过程煤的理化性质

微生物可以通过静电力和疏水作用等附着在煤表面改变其表面性质。被微生物作用后的煤的接触角变大、疏水性增加,易与气泡粘附,提高了煤的分选性。氧化亚铁硫杆菌可以氧化原煤中的硫分,改变煤的表面结构。微生物在矿物表面的吸附是个复杂的过程,两者之间的界面作用对吸附结果有重要影响。主要的作用是静电相互作用、疏水相互作用、范德华力、氢键和化学键等。不同pH值环境下微生物与煤表面间的静电作用和疏水作用分别对微生物在煤上的吸附起主导作用,且在煤及不同的矿物表面,微生物细胞的吸附量也不同。生物膜基质是一个动态环境,在微生物细胞组分达到平衡后,便充分利用所有可用的营养素来形成生物膜组织(苏现波等,2020)。生物膜基质的主要成分是微生物细胞、多糖和水,以及排泄的细胞产物,基质因此表现出巨大的微观异质性,且其中形成许多微环境。外多糖是生物膜基质的基本框架,然而在生物膜上却有大量的酶活性,其中一些对其结构完整性和稳定性有重要影响。在煤表面和煤层水的微生物群落结构间存在差异,表明在煤层中微生物群落依靠独特的生物膜结构粘附在煤表面,有些不倾向形成生物膜的微生物浮游在水环境中。生物膜是动态的、复杂的结构,为微生物的生存提供了条件,其微环境可以避免细胞遭受极端物理化学环境的侵害。生物膜也为共生生物间的联系创造了机会(Ahmed et al.,2017)。微生物在煤表面进行吸附过程同时也在形成其生物膜结构。若在煤表面形成生物膜,微生物代谢的有机物产物可为其他微生物提供物质来源,这可能是进一步提高生物气化的关键(宋金星等,2016)。

7.2 煤的生物气化的影响因素

7.2.1 煤自身的影响因素

7.2.1.1 煤阶对煤生物气化的影响

煤是一种复杂的大分子物质,难被微生物降解。煤层气的勘探开发实践表明煤层气可以从不同煤阶煤生成。而煤阶不同,煤的成熟程度不同,所含的易于分解降解的有机物含量也不同。煤阶与甲烷生成潜力之间的关系已有诸多研究。部分学者认为,低阶煤比高阶煤更容易降解产生甲烷。一方面,这是因为低阶煤成熟度较低,其分子结构含有大量的支链及含氧官能团,容易被微生物降解(Aramaki et al.,2017)。另一方面,低煤阶煤具有发育的孔隙空间和裂隙系统,渗透性好,利于营养物质和地下水的运输,而厌氧细菌的生长代谢需要良好的孔隙空间,因此低煤阶煤层更利于厌氧微生物的生长代谢。随着煤化程度的不断加深,碳的比例逐渐增加且氧、硫元素的降低,其芳香结构进一步缩合形成更高级的芳香族化合物,分子结构更加复杂稳定,以及易受微生物侵袭的杂原子的损失,从而使得产生生物甲烷的煤基质相对较少,增加了微生物降解煤的难度(聂志强等,2018)。如Powder River盆地具有低阶、高渗透性、高含水量的煤层条件,是产生生物煤层气的良好条件。Illinois盆地的东部,在高渗透率、低成熟度的浅层煤层中,储藏有大量的生物煤层气(Ahmed et al.,2017)。对犹他州迪尔克里克矿的烟煤以及北达科他州的褐煤在实验室条件下进行了微生物厌氧降解实验表明,营养物质的添加量相同的情况下,烟煤的废弃煤渣与烟煤的生物甲烷产量均在同一个数量级,但其生物甲烷产量均显著低于褐煤(王爱宽等,2010)。有研究对美国伊利诺伊州的褐煤、次烟煤、高挥发分烟煤以及低挥发分烟煤在实验室条件下开展微生物厌氧降解产甲烷实验,结果表明产气完成后两种烟煤的生物甲烷总量明显高于次烟煤和褐煤,煤中生物甲烷生产潜力的提升主要还需提高煤中生物可利用的挥发性有机物的释放(Chen et al.,2017)。郭红玉等(2021)在实验室条件下对长焰煤、气煤和焦煤进行了微生物厌氧降解实验,结果表明,随着煤变质程度的增加微生物对煤的厌氧降解作用逐渐减弱。而也有研究显示,中高阶煤也可产生数量可观的生物甲烷。粉河盆地矿井产出水对高挥发性烟煤相较低阶煤的产气量高,而褐煤的产气量较低。还有学者研究发现,煤阶与产甲烷之间没有相关性。由此,关于煤阶对产甲烷的影响还需进一步研究,但可以肯定的是产气在不同煤阶下均可进行(苏现波等,2013b)。

7.2.1.2 煤的粒径对煤生物气化的影响

大量研究发现煤粒径是影响甲烷产生的因素之一。这是由于在生物甲烷的产生过程中,需要将大分子的煤一步步地降解为各种大分子的有机物。而大分子的有机物被微生物利用过程中,会出现一个质量转移与物质转移的过程,煤颗粒的表面积越大,其质量转移与物质转移的速度也就越快。煤的粒径越小,煤的表面积越大。较大的表面积有利于微生物的附着,但是煤的内部孔隙结构大多太小而不能容纳微生物,颗粒内孔隙扩散过程非常缓慢,因此只有表面煤基质可以比较容易被微生物所利用(王爱宽等,2015)。在微生物活性比较弱时,影响生物甲烷产量和产率的主要因素就是微生物菌群的代谢活动;而在微生物活动较强,且没有受到外界因素限制时,随着煤粒度的减小,微生物与煤颗粒的接触表面积增大,甲烷产量也增大。很多研究发现,当煤的粒径减小时,产甲烷速率显著提高,但当粒径小到一定程度后产气效率提升便不明显,即煤粒径减小增加了产甲烷菌与煤样的接触面积,即粒径越小越易产生生物甲烷,但粒径小到一定范围后促进效果不再显著。这可能是由于煤在产气过程中一直处于静置培养状态,由于煤粉颗粒的堆积,造成实际有效参与传质的比表面积增加并不明显的缘故。水力压裂可以提供原位增加微生物与煤基质接触面积的方法,进行水力压裂以增加煤层渗透性,并在高压下将大量流体泵送到这些地层中。在压裂过程完成后,一部分压裂液保留在地层中,使得更多的微生物聚集体进入煤层裂缝中,使菌群与煤之间能更好的相互作用以增加甲烷产量(Su et al.,2018)。

7.2.1.3 煤的溶解度对煤生物气化的影响

在生物甲烷的生成过程中,煤的溶解程度也是限制生物甲烷产生的重要因素。提高煤溶解度的方法主要包括物理化学法和生物法。物理化学方法主要指升高温度、加入强碱、强酸、氧化剂和有机溶剂等。升高温度主要通过提高固体颗粒的质量转移速率和量来增加溶解度,同时煤的溶解也会使温度升高。强酸可以破坏煤颗粒的离子键,并与阳离子相互作用,同时也能破坏煤结构中的醚键和酯键,进而破坏煤颗粒的空隙结构,促进煤的溶解。有机溶剂可以有效地从煤中萃取有机质,用于煤的降解,因此常被用于煤基质的前处理。然而,甲醇等有机溶剂的添加对甲烷产生的促进作用影响还不确定(王爱宽等,2012)。对于乙醇的添加对产甲烷的影响研究结果表明,乙醇的加入可以提高甲烷产量,有可能是因为乙醇分解可以产生乙酸和氢气,而这些物质是产甲烷所需的底物。添加有效的氧化剂,也可以促进煤的溶解,增加溶液中可被微生物利用的有机质含量,例如高锰酸钾、过氧化氢等。生物法就是加入能够降解煤的降解菌(Guo H Y et al.,2018)。

7.2.1.4 煤的显微组分对煤生物气化的影响

生物煤层气的来源主要依靠煤层中有机质的分解,有机质不同(即显微组分不同),分子结构也不同,因而其生物化学降解过程也会有较大差异。例如惰质组或惰性干酪根,由于其构化与缩合程度比较高,含氧官能团及含氢官能团较少,因此不易被微生物分解,造成其生物气产气能力相对较小;而镜质组与惰质组相比,其含氢量更高,因此,其生物气产气潜能更大(宋金星等,2016)。

7.2.2 煤的生物气化的环境影响因素

7.2.2.1 温度对煤生物气化的影响

温度是微生物生命活动的重要保障,也是微生物代谢相关的关键酶发挥最佳效率的重要条件。早期研究发现,产甲烷菌可在2~110℃条件下进行生长。然而,最适合产甲烷菌生存的温度在35~42℃之间,因为温度过高或过低都会影响酶的代谢,从而影响产气。但由于各地产甲烷菌群存在差异性,最佳产气温度可能会有所不同(Wang et al.,2019b)。印度Jitpur煤矿的煤样产气实验研究表明最佳产气温度为35℃。利用粉河盆地矿井产出水富集的菌群对煤进行降解,研究发现当温度从22℃升高到38℃时,产甲烷速率提高300%。可见,不同地区的煤的最佳产气温度是不同的,温度过高或过低都会抑制产甲烷菌群活性,只有在最适温度条件下,才能得到最佳产甲烷效果。不同菌属的产甲烷菌,有的含有细胞色素,有的则不含有,这会导致它们对温度的适应性不同。在低温环境条件下,含有细胞色素的产甲烷菌占主导地位,而在高温条件下(60℃),不含细胞色素的产甲烷菌占主导地位(Wang et al.,2019a)。

温度在影响产甲烷菌群的活性同时,还会影响甲烷产生的途径。相对较低的温度可以有效促进乙酸的优先合成,因此,在较低温度(5~15℃)下,微生物以二氧化碳和氢气作为底物时,会优先生成乙酸作为中间产物,乙酸再进一步进行发酵生成甲烷;在中温条件下,二氧化碳还原型和乙酸发酵型都存在;高温条件下,主要是二氧化碳还原产甲烷(Ahmed et al.,2017)。

7.2.2.2　pH对煤生物气化的影响

pH对微生物的代谢过程具有显著影响,其具体影响过程主要体现在以下几个方面:第一,蛋白质、核酸等多种大分子物质是微生物的重要组成部分,而pH可以通过改变这些生物大分子所带的电荷,进而影响微生物的生物活性;第二,微生物要从外界吸收营养物质,必须通过细胞膜,而微生物细胞的细胞膜上带有的大量电荷受pH变化的影响比较显著,其变化会导致微生物细胞从外界环境中吸收营养物质的能力发生改变,从而影响微生物的代谢过程;第三,pH不仅能够改变有害物质的毒性,而且还会对外界环境中营养物质的可给性产生影响,从而对微生物的代谢活性以及代谢效率产生较大影响。微生物种类不同,其生长条件对于pH的要求也不尽相同。某些特定的微生物种群只能在一定的pH范围内保持其活性,有的微生物种群对于pH的变化范围的耐受度比较宽,而有的生物种群耐受度则相对较窄(Ahmed et al.,2017)。但是,在微生物正常的生命代谢过程中,最适宜微生物生长的pH通常仅仅限于一个相对比较窄的范围,而有关微生物对于外界环境的适应能力,也可以在一定程度上通过对pH的要求而体现出来(苏现波等,2012)。

厌氧微生物的代谢活性与pH值的变化具有非常密切的关系。在接近中性的条件下,产甲烷菌群活性最大,pH过高或过低都会影响生物甲烷的产生。而在偏酸性条件会促进煤的溶解过程,从而有利于生物甲烷的产生;还有学者在对菌群进行优选实验时将pH作为一个重要的影响产气的因素进行研究。有研究项目探讨了pH值对CH_4生成量的影响,结果表明在pH为8的条件下,产气量达到最大,过酸或过碱的条件将会抑制煤的降解,不仅产气量降低,产气周期也会增长。所以,不同地区的煤样产气最佳pH是有所差异的。因此,需寻找目标区域微生物代谢的最佳pH(苏现波等,2013b)。

微生物厌氧降解体系中的pH对微生物代谢能力有着重要影响。体系中pH的变化会引起部分生物可利用有机分子携带电荷的改变,同时还会影响细胞膜表面的电荷交换,进而对微生物的代谢能力产生重要影响。国内外大量学者对微生物厌氧代谢体系中的最佳pH进行了研究。甲烷八叠球菌的适宜pH值一般在6.0~7.5之间,产酸细菌敏感性较低,可耐受pH值范围在4.0~8.5之间,而水解和酸化的最佳pH值在5.5~6.5之间。产乙酸菌倾向于选择酸性更强的环境(Guo H G et al.,2020)。

在原位煤层中,甲烷的产生除了受到温度和pH值的影响,还会受到许多其他因素共同作用的影响。例如甲烷的产生会受到温度、pH和氢气浓度共同作用的影响,在氢气浓度较高、pH>7、温度较低的条件下,底物会先被合成乙酸,乙酸再发酵产生甲烷;相反,在氢气浓度低、pH<7、温度较高,同时周围环境中还有氨和挥发性脂肪酸存在的条件下,生成的乙酸会先被氧化生成CO_2和H_2,然后再生成甲烷(Guo H G et al.,2019b)。

7.2.2.3　盐度对煤生物气化的影响

在煤层气开采过程中,必然会有大量的产出水产生。通常来讲,煤层气产出水大致可以分为3种类型:附着水、固有水及化学结合水。煤层气产出水的水质特征受到多重因素的影响,如煤层气气田的地理位置、煤层气气田的地质构造都会对煤层气气田产出水的水质产生较大影响。若不考虑地域的差异,所有煤层气气田产出水的化学组成都是相似的,其主要组成都以 Na^+ 和 HCO_3^- 为主,而 Ca^{2+} 及 SO_4^{2-} 等则相对比较缺乏。盐度过高会对产甲烷菌活性产生强烈的抑制作用,部分学者对微生物厌氧降解过程中的最适盐度进行了研究。古菌多样性与盐度密切相关,盐度对产气方式有很大影响,低盐度下以二氧化碳还原产气为主,高盐度下以乙酸发酵产气为主。沉积速度快、气候干旱的盐度较高的水体条件,都有利于保存有机质,具有较大的生物甲烷产出潜力,然而过高的盐度会抑制产甲烷菌的活性。盐度影响产甲烷菌群的种群组成,进而使产甲烷底物的利用发生变化。盐度较低环境下的菌群,主要降解的底物为 CO_2、H_2 和乙酸;盐度较高环境下的菌群,则主要利用的底物为甲基化物质(苏现波等,2013b)。

7.2.2.4 氧化还原电位对煤生物气化的影响

氧化还原电位是煤层生物甲烷生成的重要影响因素之一。氧化还原电位明显地影响微生物的活性,因此也会一定程度地影响生物甲烷的产生。早在 20 世纪 60 年代就有学者对氧化还原电位产气的影响进行研究,结果发现当氧化还原电位高于 $-300\mathrm{mV}$ 时,产甲烷菌群不再生长。夏大平等(2012)研究了氧化还原电位对产甲烷的影响,结果发现氧化还原电位越低越利于甲烷生成(占迪等,2018)。显然,类似研究结果基本是一致的,即在较低的氧化还原条件下比较适合产气(夏大平等,2012)。不同的厌氧发酵体系和不同的厌氧微生物对电位的要求不同。兼性厌氧微生物氧化还原电位为 $+100\mathrm{mV}$ 以下时进行无氧呼吸;产酸菌对氧化还原电位的要求不太严格,在 $-100\sim+100\mathrm{mV}$ 条件下可以生长繁殖;产甲烷菌最适宜的氧化还原电位为 $-350\mathrm{mV}$ 甚至更低。当氧化还原电位大于 $+100\mathrm{mV}$ 时,产甲烷菌的活性会被抑制。此外,在厌氧发酵过程中各种厌氧微生物如纤维素分解菌、硝酸盐还原菌和产酸细菌等对氧化还原电位的适应性也有很大不同(占迪等,2018)。

7.2.2.5 营养物质对煤生物气化的影响

营养物质的补充对维持微生物活性至关重要,进而对生物甲烷的产生也很关键。在降解的底物量保持充足的情况下,维持营养物质的充足可以使原位甲烷持久生成(Guo H G et al.,2020)。但是,对于不同种类的煤和产甲烷菌群,其所需的营养物质种类会不同,已有很多研究机构对不同营养物质对甲烷产生的影响进行了评估。产甲烷菌群培养的营养物质主要包括:有机氮源,如酵母膏、蛋胰蛋白胨等,其主要作用是提供微生物合成菌体蛋白质和核酸的原料;基本矿物质元素,如钾、钠、钙、镁等的磷酸盐,不仅可以提供磷酸根,而且还可以使其液体具有一定的缓冲功能,利于产甲烷菌群的作用;维生素以维持微生物的正常生长代谢;微量元素,如 Fe、Ni、Co、Mo、Zn、Mn、B 和 Cu 等。对有些酶具有启动作用,适宜浓度的微量元素能够提高产甲烷菌的活性,浓度过高或过低都会影响甲烷的产生(夏大平等,2012)。微量元素通过影响酶的活性对产甲烷菌的生长产生影响,微量元素是多种酶合成中的辅酶、辅基的成分,因此加入适量微量元素可以有效促进相关酶的合成,提高生物甲烷的产量(Fuertez et al.,2017)。

在将煤生物转化为甲烷的过程中,主要的中间产物为乙酸、H_2 和 CO_2,因此,从理论上来说,增加 H_2 和 CO_2 的含量可以提高甲烷产量。然而事实上,在 CO_2 含量充足的情况下,继续添加 CO_2 不能进一步提高生物甲烷的产量和产率。有研究证明补充甲酸可以提高甲烷产生速率,而醋酸的补充对甲烷的产生没有促进作用(郭红光等,2015b)。

微量元素虽然含量较少,但是很多的研究表明,微量元素对厌氧发酵产甲烷的气体产量有影响。众所周知,煤层生物气的产出主要来自于众多的微生物菌群,主要是依靠产甲烷菌的作用对煤降解使其产气的过程,而微量元素是微生物生长必不可少的五大类营养物质之一,微生物所需的大部分微量元素都是重金属(Aminu et al.,2013)。微量元素 Fe、Co、Ni、Mo、Se 对产甲烷菌生长代谢的作用仅次于常量元素 N、S、P。微量元素会改变反应体系中产甲烷菌优势菌种的类型,提高或者降低底物利用率。微量元素中大部分重金属元素不能被微生物所利用,会渐渐累积在微生物体内,导致毒性的食物链反应。而部分微量元素却非常关键,如 Fe 元素能参与厌氧微生物体内的细胞色素,细胞氧化酶的合成,且 Fe^{2+} 还是胞内氧化还原反应的电子传递载体;Ni 元素是细胞尿素酶的主要成分。许多重金属是催化厌氧反应的重要酶的组成成分,但是含量过多时,将对微生物产生毒性,抑制微生物生长代谢。重金属离子浓度、重金属存在形态、pH 值、ORP 决定对微生物的促进或者抑制效果(Anna et al.,2013)。对 Cu^{2+}、Zn^{2+}、Ni^{2+}、Cr^{3+} 和 Cr^{6+} 以及它们混合存在时,对厌氧消化体系的抑制作用进行了试验研究,结果发现维持厌氧体系正常运行的溶解态的金属离子的浓度 $Zn^{2+}<0.70mg/L$、$Cr^{3+}<0.5mg/L$、$Cu^{2+}<0.5mg/L$、$Ni^{2+}<0.4mg/L$、$Cr^{6+}<0.4mg/L$,混合金属离子<$0.5mg/L$;超出该范围时,金属离子浓度越高,抑制作用会越大,从这一方面可以认识到,煤中的某些有益元素会对生物制气起到一个重要作用(Guo et al.,2012)。很多学者发现微量元素的加入方式对产甲烷菌的变化影响很大,有些微量元素可以缓解毒性物质对产甲烷菌的抑制,提高产甲烷效率和生长稳定性(Strapoc et al.,2011)。

Fe 元素是产甲烷菌生长所必须的元素之一,其对厌氧发酵产氢和产甲烷的影响普遍被认同。在利用上流式厌氧污泥床反应器处理有机废水的研究中添加适量的 Fe 元素,显著提高了反应器的有机负荷承载力,反应器中颗粒污泥的形成速率、污泥的沉降速率和颗粒污泥的产甲烷活性。除此之外,Fe 元素对高固体有机废弃物厌氧消化的作用也不容忽视(Seok-Pyo et al.,2016)。

Ni 元素对产甲烷菌、辅因子、辅酶 F430 和辅酶 F420 以及 Ni 元素对维持厌氧系统有效运行的重要作用已经被多次报道。不同浓度的微量元素溶液对青贮玉米中温厌氧发酵如果去除 Ni 导致发酵系统运行不稳定和产气率下降 18%,添加 2mmol/L Ni 使乙酸为碳源的系统甲烷产量提高 66.5%。Ni 对鸡粪厌氧发酵时,当鸡粪沼液中 Ni 浓度为 $253\mu mol/L$ 时,继续添加 $10\mu mol/L$ $NiCl_2$ 仍然显著提高了总产气量,可使甲烷浓度并未增加。这是因为鸡粪中的 Ni 以无机沉淀或其他非生物有效态的形式存在。而添加 Ni 元素能够提高牛粪厌氧发酵的总产气量和甲烷浓度也已经被证实(Dai et al.,2014)。

现今的微量元素生物有效度研究针对是海生生物,近期研究的微量金属营养元素生物有效度是指被微生物吸收并利用的微量金属营养元素的量,微生物所真正利用的量与系统中微量金属营养元素总量存在很大差异。微量金属营养元素的反应环境条件、化学存在形态、微生物的络合作用、反应液中存在的有机物与无机物的比例等均对微量金属营养元素的生物有效度有重要影响。对于厌氧发酵系统中微量元素的生物可利用性的研究现在还处于起步阶段(Tang et al.,2012)。如$Fe(OH)_3$是褐红色沉淀溶解度很低,可溶性的化合物浓度很低。而微生物的良好生长需要更好的溶于水中(Anna et al.,2013)。因此具有较强络合能力的络合物与金属的结合能力较强,且微生物自身的代谢调节功能也会有助于提高其生物可利用性,从而提高细胞的生物吸取量。微生物的许多传输系统对外部环境反应较为灵敏。目前生物有效性的研究都是海洋微生物的,其他方面研究很少。螯合剂可以增强海洋中低等生物对金属元素的吸收,但需要一定条件,目前仍然缺乏螯合剂能否增强产甲烷菌对微量金属元素的吸收方面的成果(Strapoc et al.,2011)。

7.2.3 菌群对煤生物气化的影响

在生物气化过程中,研究微生物对增产煤层气具有重要意义。由煤转化为生物甲烷的过程中,煤中有机物的生物降解途径是微生物和生物化学作用共同影响的,可能涉及多种降解菌、发酵菌和产甲烷古菌群落。微生物群落是降解煤生产煤层气的主体,更深入地对相关微生物菌群进行研究,可以更全面地了解煤降解过程中微生物的相互作用,促进微生物增产煤层气技术的发展。产甲烷菌不能直接将煤转化为生物甲烷,它主要利用发酵菌、产氢菌和产乙酸菌分解煤中有机质产生的二氧化碳、氢气和乙酸等物质生成甲烷(Guo H G et al.,2020)。

菌群的多样性是影响煤层气产量的重要因素,地下微生物群落将煤中有机物转化为甲烷的能力在实验室得到了证实。在实验室条件下,通过引入外源菌群来提高煤层生物甲烷产量的研究已有很多,如有研究从白蚁的肠道分离出了产甲烷菌群,并利用该菌群,将褐煤转化为生物甲烷。外源菌群经过将煤作为唯一的碳源驯化后,生物甲烷的产率明显提高。也有研究证实外源菌参与的实验中生物甲烷的产量和产率都高于本源微生物(郭红光等,2015b)。虽然在实验室条件下,外源菌群的产甲烷速率高于本源菌群,但是由于实际条件比实验室条件复杂得多,所以还不能确认外源菌群注入地下煤层后,其产气率仍然高于本源菌群(Giang et al.,2018)。

7.3 煤的生物气化增产措施

不同煤层气储层的微生物群落存在显著差异,优势古菌群落不同可造成产甲烷途径的差异,参与煤降解的细菌也存在潜在代谢差异。此外,同一煤层气储层内微生物群落组成也会因氧化还原环境等外界条件改变发生变化,但基本表现微生物多样性与降解煤产出甲烷的功能潜力,也不排除自然条件无生物成因气的储层存在煤降解相关微生物且通过人工干预实现其代谢煤转化为甲烷的功能潜力。生物成因煤层气藏可被视为大型的发酵器,人工优化煤生物气化的影响因素来刺激微生物的生长代谢,从而提高生物甲烷产量达到增产的目的。当前,微生物作用增产煤层气的研究主要集中在几个方向:引入外源高效菌群的方法(生物强化),营养物刺激微生物代谢的方法(生物刺激),预处理煤改变其物理或化学特性以增加微生物与煤的接触面积、提高煤中有机物的生物利用度以及改善环境条件增强微生物代谢强度。研究表明,这些方法可有效提高甲烷产量和产出速率,对于微生物增产煤层气的发展具有重要意义(郭红光等,2015a)。

7.3.1 生物强化

目前大部分研究主要集中于刺激本源微生物增产煤层甲烷,有学者认为煤层中存在本源微生物菌群,无需额外添加外源微生物种群增产甲烷。然而有研究发现,有些煤层产气量低可能是由于本源微生物种群生物量及活性极低造成的。如美国得克萨斯盆地,其地质构造接近粉河盆地,煤质经鉴定属亚烟煤,适合生物降解,但该煤层无商业性可采天然气产生,经检测本源微生物菌群生物量极低。此外,研究发现煤层水中积累大量降解煤过程的中间产物,包括正烷烃、芳香烃化合物等,说明煤层中缺乏二次发酵细菌,从而限制二次发酵过程,无法使中间产物得到有效分解,不能为产甲烷菌提供可利用的有机物(李亚平等,2018)。

因此,由于煤层中现有的微生物活性差,降解煤的能力较弱,或者是因为煤中缺乏微生物群落,采用生物强化技术可增加生物量并优化煤层微生物种群,提高甲烷产量。添加的微生物可能是具有某种特殊功能的单一微生物,也可能是具有良好分解能力的高效微生物菌群(Guo H G et al.,2020)。煤制生物甲烷需要多种功能菌的协同作用,因此,如果采用生物强化手段,微生物群落必须是能够满足煤基质转化的各种功能菌。一般来说,实现生物强化有两种方法。其一,可以在实验室环境中对取自煤层产出水的原位微生物群落进行富集,将培养出高效稳定的菌群注入到煤层中,就可以实现煤更快的生成甲烷(夏大平等,2015)。但是,应特别注意实验室环境完全模仿煤层环境,否则很可能菌群的作用发挥不明显。其二,可以开发外源微生物群落,并将其用于原位或非原位煤的生物转化。对于原位应用,如果本源微生物群降解煤的作用较弱,引用外源微生物将会是一个合适的选择。当然,将外源微生物注入地下煤层还要考虑环境污染等很多问题。此外,有学者发现将本源与外源微生物共同厌氧降解煤,比单一菌群产气效率高,可明显提高煤的生物甲烷产量(Giang et al.,2018)。

厌氧条件下,煤的生物转化主要依赖于厌氧细菌。实际上,生物降解有机物产甲烷活动广泛产生于自然界厌氧环境中,如湿地、红树林、稻田、富含有机物的淡水沉积物和化石能源及白蚁肠道中。蕴藏在这些地方的微生物种群多样性丰富,以互利共生的生存方式降解环境中有机物。食木白蚁肠道中富集的产甲烷菌群能够以褐煤为唯一碳源产甲烷,超过相同条件下本源微生物菌群产气量。从油田、化学废弃物及污水处理厂采集外源产甲烷菌群进行实验发现外源菌群能够在无营养物刺激情况下降解无烟煤(Guo H G et al.，2019b)。在添加乳酸盐情况下，污泥产甲烷菌群可以降解煤产出甲烷。也有研究表面添加外源微生物菌群可以刺激低生物量本源微生物菌群，且与添加营养液相比，产甲烷速率明显提高(Guo H G et al.，2019b)。

有氧条件下煤的生物转化主要依赖于真菌微生物。真菌类微生物能够大量分泌多种糖，使真菌能够在有氧条件下对煤进行部分降解甚至液化，其中以白腐真菌研究最为广泛。白腐真菌是担子菌，是一类具有降解木质素能力的真菌总称，因可在木质素细胞胞腔内产生大量细胞外过氧化物酶，有很强的降解木质素大分子的能力。利用真菌对煤进行液体培养后可增加浸出液中有机物浓度，随后接种产甲烷菌，产气量提高。废弃矿井中真菌与细菌微生物在互利共生关系下降解煤产甲烷(Guo H G et al.，2020)。

7.3.2 生物刺激

生物刺激是研究最广泛的微生物增产煤层气方法。生物刺激就是通过添加营养物质或电子供体和受体，以刺激原位微生物产生甲烷。其评估方法一般是通过在实验室煤的降解实验中，加入富集的微生物群落及营养物溶液，检测顶空气体中的甲烷量。有大量的学者对微生物培养液成分进行研究。尽管不同的培养基配方具有不同的化学组成，但通常会有6种基本成分。一是矿物质，如K、Na、Ca、Mg、P和Cl等，这些对微生物功能和活动至关重要；二是维生素溶液；三是微量元素(Mn、Co、Fe、Zn、Cu、Se、Mo和B等)，添加适量的微量元素能够提高产甲烷菌的活性；四是有机氮源，通常通过添加酵母提取物、蛋白胨或胰蛋白胨来实现，酵母提取物和蛋白胨是营养液中最关键的成分，这两者浓度的降低会导致甲烷产量降低；五是还原剂，可以用来创造和维持厌氧环境；六是氧化还原指示剂，可以检查细胞培养物的厌氧状态。定期添加营养元素，可使微生物代谢高效持续进行(夏大平等，2017a；苏现波等，2020)。

除了这些标准培养基配方外，一些学者还研究了添加甲酸盐、乙酸盐或甲醇对煤炭甲烷产量的影响。添加甲酸盐可以诱导产甲烷菌的增殖，但是其原因更可能是底物的直接代谢。虽然补充营养物质作为电子供体可以刺激微生物生长并增加生物甲烷产量，但它也可以将电子从甲烷生成中转移出去，导致有机中间体的积累，进而限制生物成因甲烷生产。此外，一些溶剂也被发现可以有效的提高甲烷产量，但是溶剂对煤生物降解的促进作用仍有争议，且作用效果因对象而异，不具有普遍性。再者，某些表面活性剂也被发现能增强煤的生物转化，但与有机溶剂一样，表面活性剂虽然可以提高煤的水溶性，但也会产生负面影响，在浓度超过一定水平时对微生物细胞有毒，并且会造成地下环境的污染(Giang et al.，2018)。

生物成因煤层气主要是通过微生物分泌的胞外活性物质降解煤而产生的。然而，与其他一般大分子有机物相比，煤的分子结构更加复杂，因此，煤的生物有效性较低，很难被微生物直接利用，直接限制了生物甲烷的产生(苏现波等，2020)。将一种易于被微生物直接降解的物质与煤混合，共同在微生物的作用下进行降解，从而促进煤降解。而生物质是一种易获得且易降解的有机物，尤其是秸秆类生物质（夏大平等，2017a）。对于利用生物质厌氧产氢的研究越来越多，并且已在实验室和工业上取得了成功。此外，生物质与煤热解（裂解）技术也已成熟，在共热解过程中，生物质的添加可以有效提高煤的热解效率。继而，有人提出了通过将水稻秸秆与煤共降解来提高生物甲烷的产量（Yoon et al.，2016；Guo H G et al.，2019b）。

形成有机物难降解的原因，除了有机物在被降解时的环境没有达到所需的最佳条件外，还有两个主要原因：一是由于微生物群落不能产生相关的酶，不能有效利用有机化合物的成分和破坏其结构，使其具有抗降解性；二是微生物的活性受到了降解环境中毒性物质的抑制，从而限制了有机物的快速降解。许多难降解的有机物是通过共降解开始，并且最终完成降解的。共降解是指微生物将易于降解的有机物作为营养基质，同时将难降解有机物进行降解（Hang et al.，2016；Choi et al.，2017）。

鉴于煤与秸秆厌氧降解理论的相似性，国内外学者已经着手研究秸秆对煤制生物甲烷的促进作用。以沁水盆地煤为底物，从秸秆的种类、组成、粒径评价煤与秸秆协同降解产甲烷的影响因素，发现煤与水稻秸秆协同发酵产生的生物甲烷产量最大，同时煤粒径对生物甲烷产量的影响大于水稻秸秆。利用褐煤与稻草混合发酵产甲烷，并对其特性进行研究表明，在相同质量条件下，稻草和褐煤产气量比单褐煤要高得多，且褐煤与稻草比为3∶1时产气最佳（郭红光等，2015b）。废弃矿井注入可实现生物质与遗煤协同代谢甲烷工艺，不同煤阶煤样与玉米秸秆在本源菌的作用下进行协同发酵产甲烷实验，发现褐煤、长焰煤和气煤与玉米秸秆协同发酵产甲烷的最优比分别为2∶1、3∶1、3∶1，同时煤与玉米秸秆协同发酵的甲烷产量比单煤、单秸秆产量之和还要多（Guo H Y et al.，2019b；Guo H G et al.，2020）。这与反应体系中不溶物质、微量元素和营养物质的互补有着密切的联系（图7-3-1）。

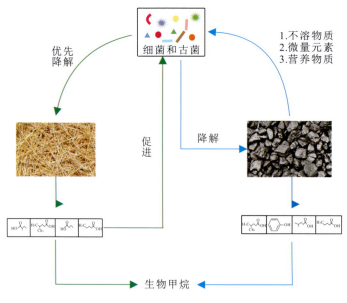

图 7-3-1　煤与秸秆共降解示意图

但到目前为止,关于煤与秸秆共降解的机制尚不清楚。在共降解条件下,菌群结构、中间产物等在共降解过程中的演变规律可能会发生显著变化,而菌群结构的变化和中间产物的转化是揭示煤与秸秆共厌氧降解产甲烷机理的关键因素。尽管煤与秸秆共厌氧降解表现出非常好的生物甲烷增产效果,但相关研究还处于起步阶段,甲烷增产机制还未明晰,缺乏有力的实验证明。虽然这些已有研究证实了添加秸秆类生物质可以提高生物甲烷的产量,但煤与秸秆类生物质共降解方面的相关研究报道较少,且仍存在许多问题。例如,在共降解过程中生物甲烷的产量远大于单一煤或单一秸秆类生物质降解时的甲烷产量,但甲烷的确切来源仍未确定,以及增产机理未阐明。因此,有必要对其进行深入的研究。

外加电场系统是在微生物燃料电池的基础上发展而来。其结构主要由池体、电源、电极、导线等部分组成(Yoon et al., 2016)。在外加电场系统外电路加一个大于 0.3V 的电源,以克服热力学障碍,实现质子和电子在阴极生成氢气和/或甲烷的过程。该技术具有底物适用范围广、节能环保、条件温和等特点,克服了传统厌氧发酵的性能不稳定、底物分解困难和生物气产量低等局限性,因此外加电场辅助厌氧发酵系统可以为微生物强化煤的降解产甲烷提供新的技术支撑,具有广阔的应用前景(Choi et al., 2017; Wang et al., 2017)。

外加电场辅助厌氧发酵系统的装置通常分为单室和双室结构。在双室结构中根据用途的不同采用交换膜等将阴极和阳极分开形成两个相对独立的小室。反应器内膜的存在会使两室的 pH 值出现梯度,pH 的差异会影响菌群的活性进而影响反应器的性能(Colosimo et al., 2016; Song et al., 2016)。此外,膜的存在还会增加反应器的内阻,使反应器电流密度减小,能耗增加。相比之下,单室无膜微生物电解池由于与其他装置相比具有结构简单、性能优良、系统内阻小、运行成本低等特点而被广泛应用,其基本原理如图 7-3-2 所示。生长在阳极表面的产电菌氧化有机物产生电子、质子和二氧化碳,电子被阳极收集后通过外电路到达阴极,质子扩散到阴极后在产甲烷菌的作用下与电子结合通过还原二氧化碳生成甲烷(Feng et al., 2015; Chen et al., 2017)。

基于二氧化碳地下生物电化学转化的研究结果,利用电场强化生物产甲烷的概念应运而生。这个过程简单地分为 3 个主要阶段:①打定向井至目标煤层。以培养液作为水力压裂液,在煤层中形成大量的压裂裂隙,裂隙之间相互连通,形成一个回路(Hang et al., 2016; Kadier et al., 2016)。压裂技术还可能增加煤层的生物可利用面积,从而增加生物煤层气的产量(Zhao et al., 2016),为微生物产甲烷提供了良好的生长环境。②将阳极和阴极分别固定在注入井和生产井的底部,与地面电源相连完成电场体系的构建。③将具有降解煤产甲烷功能的菌群注入煤层。封井后启动电源,并对产生的气体进行周期性检测。然而,地下开采的一个常见挑战是成本和应用的复杂性较高。随着采矿工程、微生物学、地球科学等方面的发展,各阶段所采用的技术方法在未来可以得到发展(Park et al., 2016; Li et al., 2019)。

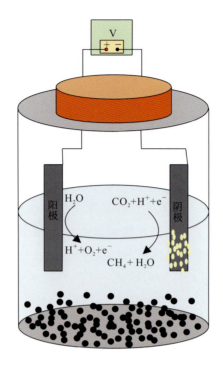

图 7-3-2　微生物电化学电池的反应器原理图

7.3.3　预处理

生物煤层气的产生主要是由微生物分泌的很多胞外活性物质而发生作用的。然而,相较于一般的大分子有机物,煤的煤分子结构更加复杂。因此,微生物很难直接作用于煤的大分子结构,严重降低了生物有效性,直接影响生物煤层气的产生效率。煤的预处理是提高生物煤层气产量的另一种有效途径,还可以通过对煤基质进行预处理以提高煤的生物利用度。预处理技术即在微生物对煤作用之前,运用化学方法、物理和生物方法等对煤进行处理,改变煤本身的性质,增强其本身的氧化程度或亲水性,从而提高煤本身的生物有效性,确保后续的微生物对煤的作用更容易进行,增大其生物转化率(Guo et al.,2021)。目前,有大量的科学研究表明,通过对煤进行预处理以后,可以显著提高微生物菌群对煤的转化(夏大平等,2013)。

物理预处理主要指利用物理手段来提高菌群对煤的亲和性,来更好地促进煤的溶解和降解过程。由于煤的孔隙对于微生物来说通常太小,微生物难以进入煤的孔隙内部,微生物与煤的接触面积较小,因此甲烷产量的大幅度提高常常局限于煤层中的孔隙。增加微生物与煤的接触表面积可以通过水力压裂技术来实现,水力压裂是为了提高煤层的渗透率,需要向这些储层注入大量的高压液体。部分压裂液在压裂过程完成后仍留在地层中,为诱导更多的微生物进入煤层缝隙提供了可能(Guo H Y et al.,2019b)。水力压裂对于微生物增产煤层气的原位应用,在短期内是很有效的。水力压裂是在油页岩开采过程中增加表面积和释放甲烷的常用手段,类似的技术可以应用于煤层中,在释放煤层气的同时,增加微生物降解的表面积。但用于水力压裂的液体可能会影响煤层原位的微生物群落结构或污染附近区域的含水层。实验中常用到其他的物理预处理方法主要为光氧化预处理、超声波预处理、高能辐射预处理、溶胀预处理等。光氧化是作为一种常见的预处理方法,具温和的反应条件、容易控制的反应过程、原料损失少等优点(He et al.,2020)。该处理方法仅需要在光的照射下对煤进行处理,即可增加煤的含氧量,从而促进煤的生物转化。超声波预处理机理是利用超声波的能量来对煤的结构进行改变,促使其孔隙率增大,从而促进微生物在煤分子间的运动,进而提高转化效果。高能辐射预处理不仅能增强煤的氧化性,而且能将煤的大分子结构解聚为更小的分子,从而改善煤的生物利用度。经过高能辐射处理,煤在水中的溶解度显著增加,高能辐射增加了煤的孔隙度,利于微生物在煤分子间的运移,更易于微生物对煤作用。溶胀预处理利用溶胀技术对煤进行处理,是煤温和转化领域的一个新思路(Guo H Y et al.,2019a)。煤的溶胀机理主要是利用煤本身所具有的供氢能力与受氢能力,解除煤分子内部的氢键束缚,从而使煤结构中较弱的键断裂,进而降低煤结构的交联度,使交联网络结构充分伸展。整个溶胀过程是不可逆的,其中非共价键的断裂是主要特征。而经液氨、THF(四氢呋喃)和吡啶预处理的高阶煤不易溶解,充分表明溶胀预处理效果与煤阶有关,煤阶越高,溶胀效果越差,因而影响煤的溶解效果(Guo H G et al.,2021)。

化学预处理机理为通过打断煤分子间的化学键,减小煤分子间的作用力,降低煤分子之间的螯合作用,从而将煤的复杂的大分子结构解聚为小分子,同时还可以破坏氢键,从而使致密的煤的大分子结构变得稀疏。因此,通过化学预处理以后的煤基质更易受微生物细胞外活性物质的攻击,从而促进煤的转化过程。化学预处理在煤的生物转化中得到广泛研究,已报道的化学试剂包括高锰酸钾($KMnO_4$)、过氧化氢(H_2O_2)、硝酸(HNO_3)、盐酸(HCl)及氢氧化钠($NaOH$)等(夏大平等,2017b)。高锰酸钾对煤发生作用,主要体现为煤内部大分子结构的减小,进而形成较多的小分子结构,此外,还伴随有煤分子内部的化学键的断裂过程,进而促进各种煤的生物转化机理发生作用(Guo H G et al.,2021)。高浓度的高锰酸钾预处理煤可实现生物可利用组分最大比例的溶解。过氧化氢与硝酸对部分煤基质有氧化作用,破坏煤分子间的非共价键,增加了煤中的氧化电位,导致煤本身的大分子结构被氧化并成为小分子,提高了煤的生物利用度。用双氧水对煤进行氧化处理可有效促进煤的生物转化,且生物转化率与双氧水浓度密切相关,生物转化率随着过氧化氢浓度的增大而增大。煤经过双氧水的氧化作用,可使煤本身的大分子结构,氧化裂解为小分子,其分子间的非共价键遭到破坏,从而有利于各种溶煤机理发生作用。此外,由于其发生氧化作用后,最后产物为水,因而具有极其显著的环保价值。硝酸对煤进行预处理的过程,伴随着一系列复杂的链式反应,主要表现为大分子的环状结构逐步断裂为链式结构,在整个过程中伴随着甲基数量的减少,而酚羟基以及羧基的数量则不断增加(Guo H G et al.,2021)。西班牙褐煤在被

20%硝酸氧化处理过程中,在50℃情况下煤中的无机硫迅速减少至几乎完全消失,在90℃区块下煤中有机物发生溶解、含氧量增加。用硝酸处理过的煤样,溶煤率提高(苏现波等,2013b)。微生物释放的碱性物质在溶煤过程中发挥着重要作用,基于此,氢氧化钠被用于煤的预处理,对能够打断煤中分子间的作用力,提高生物甲烷产量。由于强氧化剂具有杀菌消毒作用,实际操作过程中可能会影响微生物种群。而提高煤的生物利用度的另一种手段就是添加生物表面活性剂以减少煤分子之间的表面张力,以增加溶解度。从澳大利亚昆士兰州东部的苏拉特盆地煤层产出水含有微生物群落,且能将原位煤样转化为甲烷。通过添加化学表面活性剂证明了初始甲烷产量比对照组增加240%,最终甲烷产量增加180%。印度煤层产出水中分离出一种降低高氯酸盐的细菌,该菌株产生的施氏假单胞菌增加了腐殖酸在煤中的溶解度,从而提高煤的溶解度(Guo H G et al.,2021)。

生物预处理包括细菌预处理和真菌预处理。煤的真菌预处理产生的主要是多环芳烃,细菌预处理则产生芳烃和脂肪族的混合有机物,而脂肪族化合物可以提高煤转化为甲烷的速率(He et al.,2020)。用真菌对煤预处理低阶煤,复合有机官能团的释放,提高了煤转化甲烷的潜力。白腐真菌预处理褐煤,煤的芳香性降低,碳-碳键断裂,煤中大分子结构被降解,真菌预处理对煤的降解有一定促进作用。在褐煤矿床附近发现的真菌,如杂色蜡菌(*Trametesversicolor*)和卧孔菌(*Poriamonticola*)代谢产生的酶或细胞外代谢产物可能有助于煤基质的溶解(苏现波等,2013a)。

7.4 煤生物气化的研究不足与改进方向

使用合成营养溶液可提供更大的成分控制、消除不确定性及增加再现性,但由于地层水成分的差异性和未知性,对来自不同储层的煤样使用相同的营养配方并不能准确表征原位地下水条件,储层水含有或缺乏未知的微量物质可能导致对煤生物气化潜力的错误评估。实验室富集培养后产甲烷微生物菌群会发生显著变化,原始接种物的产甲烷古菌类型并不能代表培养或驯化后生物产甲烷途径。实验室条件不能完全还原现场储层环境,且各地的煤层气储层有着不同的地下物理化学环境、微生物群落类型和代谢途径。现场作业环境更为复杂,其整体改造在经济上并不可行但可部分实现,如pH值和盐度可通过注入酸碱或其他缓冲剂来改变。室内封闭体系的研究提供了微生物群落丰度、多样性和产甲烷途径等依据,但由于底物可用性有限、代谢副产物积累以及无法准确模拟地下产甲烷微生物群落生存的缺氧环境和动态水流场,使得对原位储层的增产研究受限。为了将实验室研究过渡到现场,并了解室内条件下一系列强化策略是否可用于原位,需要改善实验室模拟环境或将实验转移到现场,以促进煤的生物气化尽早用于工业生产。

二氧化碳是造成温室效应的主要气体,中国面临二氧化碳减排的艰巨任务。煤层具有储存甲烷和二氧化碳等气体的巨大容量,将气体储存在地下比以压缩或液化形式储存在地面节约成本。不可采煤层和废弃矿井可用于二氧化碳的储存,但二氧化碳注入会增加地层压力,可能导致裂缝和断层的出现。地震、地下水动力条件等可能破坏储层的封闭性,永久封存二氧化碳存在泄漏的风险。将二氧化碳作为生物气化的碳源为二氧化碳的减排与再利用提供了新思路。

目前,发现的大多数生物成因煤层气储层都存在二氧化碳还原(氢营养型)方式产生的生物甲烷,且几乎所有类型的产甲烷菌都可通过二氧化碳还原代谢途径产出甲烷,地下煤层的还原环境为微生物的厌氧代谢创造了有利条件。将二氧化碳注入储层,二氧化碳加速水解发酵进程,通过底物诱导激活产甲烷菌甚至改变产甲烷菌结构和产甲烷途径,从而实现二氧化碳的生物转化。高浓度二氧化碳利于二氧化碳还原型产甲烷菌的代谢而抑制乙酸营养型和甲基营养型产甲烷菌的生长。氢气的加入可有效提高二氧化碳还原型产甲烷菌的竞争优势,对于不同类型微生物的促进或抑制是产甲烷方式和甲烷产量差异的根本原因。根据地下物理化学环境和微生物群落响应规律优化注采方式、时间和工程措施,提高不可采煤层或废弃矿井的二氧化碳生物转化效率,不仅有效降低碳排放,而且实现清洁能源再生。

生物成因煤层气增产研究不断突破并逐步过渡到工业应用阶段,但仍然存在一些重大问题亟待解决。实验室研究取得较大进展,原位储层研究仍处于初级阶段,仅有少数现场实验,包括储层压力、煤体结构、流体流速、水文地球化学环境和增产周期等在内的诸多问题尚未解决。原位储层条件比预期复杂得多,更多的控制因素仍未知。利用微生物作用增产煤层气技术用于现场工业化仍缺乏实验研究与理论支撑。对该领域的关键科学问题的研究仍有待加强与改进。

以往的研究缺乏对原位微生物菌群及其对应环境的研究,难以评价储层元素循环机制与微生物代谢间的耦合关系,以致无法系统揭示区块尺度上功能微生物群落构成和区域分布。对于驱动产甲烷上游微生物的代谢途径和生物学机理知之甚少,如微生物降解煤的协同作用、生物甲烷生成潜力的主控因素等。对于产甲烷菌等的遗传学特征也没有清晰的认知,例如产甲烷菌的代谢机理、细胞结构组成和碳原子载体等仍未查明。关于煤层有机物转化的微生物学研究几乎空白,急需创新理论指导现场实践。对这些问题的研究有助于煤层气开发水平的提高和非常规天然气资源的可持续发展。

煤生物气化的研究思路应以现场增产为目的引导,逐步厘清生物代谢机理,即对目标煤层取原位菌群进行驯化以提高其环境适应能力,寻找该区降解煤产出甲烷过程的主控因素。因此,将工作重心放在寻找低成本、高效益的工程技术手段用于实现目标煤层的长期稳定增产,逐步通过生物学方法厘清原位微生物的代谢机理及区块尺度上的生物地球化学循环机制(图7-4-1)。

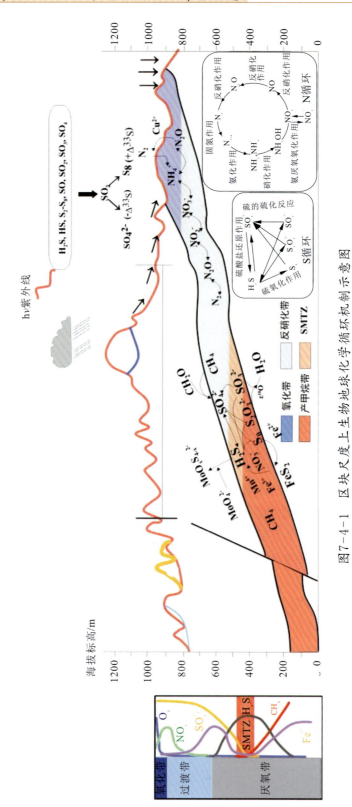

图7-4-1 区块尺度上生物地球化学循环机制示意图

主要参考文献

陈杨,2015.沁水盆地郑庄区块煤层气井压裂效果与产能评价研究[D].北京:中国地质大学(北京).

段利江,唐书恒,刘洪林,2007.晋城地区煤层甲烷碳同位素特征及成因探讨[J].煤炭学报,32(11):1142-1146.

郭广山,柳迎红,张苗,等,2017.沁水盆地柿庄南区块排采水特征及其对煤层气富集的控制作用[J].天然气地球科学,28(7):1115-1125.

郭红光,王飞,李治刚,2015a.微生物增产煤层气技术研究进展[J].微生物学通报,42(3):584-590.

郭红光,余志晟,魏敏,等,2015b.生物成因煤层气形成的微生物分子生态学研究进展[J].中国科学院大学学报,32(1):1-8.

黄少华,孙同英,冀昆,等,2013.柿庄南区块煤层气井早期生产特征及开采建议[J].中国煤炭地质(7):13-17.

姜杉钰,康永尚,张守仁,等,2016.沁水盆地柿庄区块煤层气井排采动态影响因素分析及开发对策研究[J].天然气地球科学,27(6):1134-1142.

康永尚,张兵,鱼雪,等,2017.沁水盆地寿阳区块煤层气排采动态成因机理及排采对策[J].天然气地球科学,28(1):116-126.

李灿,唐书恒,张松航,等,2013.沁水盆地柿庄南煤层气井产出水的化学特征及意义[J].中国煤炭地质,25(9):25-29.

李国富,侯泉林,2012.沁水盆地南部煤层气井排采动态过程与差异性[J].煤炭学报,37(5):798-803.

李盼盼,2018.稀密结合型井网区煤储层三维精细地质建模研究:以沁水盆地柿庄南区块为例[D].合肥:合肥工业大学.

李亚平,郭红光,韩青,等,2018.水稻秸秆与煤共降解增产煤层生物甲烷试验研究[J].煤炭科学技术,46(4):215-221.

李忠城,2012.沁水盆地南部高产水煤储层煤层气开发机理研究[D].北京:中国地质大学(北京).

李忠城,唐书恒,王晓锋,等,2011.沁水盆地煤层气井产出水化学特征与产能关系研究[J].中国矿业大学学报,40(3):424-429.

孟召平,田永东,李国富,2010.沁水盆地南部地应力场特征及其研究意义[J].煤炭学报,35(6):975-981.

聂志强,杨秀清,韩作颖,2018.不同煤阶生物成因煤层气微生物群落的功能及多样性研究进展[J].微生物学通报,46(5):1127-1135.

时伟,唐书恒,李忠城,2015.沁水盆地柿庄南区块煤储层水力压裂缝数值分析[J].煤炭科学技术,43(2):104-108.

时伟,唐书恒,李忠城,等,2017.沁水盆地南部山西组煤储层产出水氢氧同位素特征[J].煤田地质与勘探,45(2):62-68.

宋金星,郭红玉,陈山来,等,2016.煤中显微组分对生物甲烷代谢的控制效应[J].天然气工业,36(5):25-30.

苏现波,陈鑫,夏大平,等,2013a.白腐真菌对不同煤阶煤的降解作用研究[J].河南理工大学学报:自然科学版,32(3):281-284.

苏现波,吴昱,夏大平,等,2013b.瘦煤制取生物甲烷过程模拟实验研究[J].煤炭学报,38(6):1055-1059.

苏现波,夏大平,赵伟仲,等,2020.煤层气生物工程研究进展[J].煤炭科学技术,48(6):1-30.

苏现波,徐影,吴昱,等,2011.盐度、pH对低煤阶煤层生物甲烷生成的影响[J].煤炭学报,36(8):1302-1306.

陶树,汤达祯,许浩,等,2011.沁南煤层气井产能影响因素分析及开发建议[J].煤炭学报,36(2):194-198.

王爱宽,秦勇,2010.生物成因煤层气实验研究现状与进展[J].煤田地质与勘探,38(5):23-27.

王爱宽,秦勇,2012.褐煤本源菌在煤层生物气生成中的微生物学特征[J].中国矿业大学学报,40(6):888-893.

王爱宽,秦勇,邵培,2015.煤粒度对褐煤生物气生成的影响特征[J].中国煤层气,12(3):3-6.

王凯峰,唐书恒,张松航,等,2018.柿庄南区块煤层气高产潜力井低产因素分析[J].煤炭科学技术,46(6):85-91.

王善博,唐书恒,万毅,2015.山西沁水盆地南部太原组煤储层产出水氢氧同位素特征[J].煤炭学报,38(3):449-453.

吴财芳,张晓阳,刘强,2015.柿庄南区块煤层气U型井排采阶段典型指标分析[J].煤炭科学技术,43(2):123-126.

夏大平,陈曦,王闯,等,2017b.褐煤酸碱预处理-微生物气化联产H_2-CH_4的实验研究[J].煤炭学报,42(12):3221-3228.

夏大平,陈鑫,苏现波,等,2012.氧化还原电位对低煤阶煤生物甲烷生成的影响[J].天然气工业(11):107-110+125-126.

夏大平,兰建义,陈曦,等,2017a.微量元素在煤层生物甲烷形成时激励与阻滞体系研究[J].煤炭学报,42(5):1230-1235.

夏大平,苏现波,吴昱,等,2013.不同预处理方式和模拟产气实验对煤结构的影响[J].煤炭学报,38(1):129-133.

夏大平,王振,苏现波,等,2015.生物甲烷气实验的外加菌源(沼液)中厌氧菌群测定[J].高效地质学报,21(1):168-171.

邢力仁,2014.沁水盆地柿庄南区块煤层气有利储层预测[D].北京:中国地质大学(北京).

邢力仁,柳迎红,王存武,等,2017.柿庄南区块断层发育特征及对煤层气井产能的影响[J].煤炭科学技术,45(9):25-31.

杨帆,2016.沁水盆地南部柿庄南区块煤层气数值模拟[D].成都:西南石油大学.

杨国桥,唐书恒,李忠城,等,2016.柿庄南区块煤层气高产井排采制度分析[J].煤炭科学技术,44(8):176-181+28.

杨焦生,赵洋,王玫珠,等,2017.沁水盆地南部煤层气压裂排采关键技术研究[J].中国矿业大学学报,46(1):131-138.

占迪,何环,廖远松,等,2018.褐煤强化产甲烷菌群的群落分析及条件优化[J].微生物学报,58(4):684-698.

张松航,唐书恒,李忠城,等,2015.煤层气井产出水化学特征及变化规律:以沁水盆地柿庄南区块为例[J].中国矿业大学学报,3(44):292-299.

张晓敏,2012.沁水盆地南部煤层气产出水化学特征及动力场分析[D].焦作:河南理工大学.

张晓娜,康永尚,姜杉钰,等,2017.沁水盆地柿庄区块3号煤层压裂曲线类型及其成因机制[J].煤炭学报,42(S2):441-451.

AHMED M S, RAHMATULLAH M, KHAN M A A, 2017. Hydrocarbon gas generation by biochemical process of moderately barophilic methanogens in Barapukuria coal mine gas reservoir & aquifer [J]. Fuel, 210: 121-132.

ALPERIN M J, BLAIR N E, ALBERT D B, et al., 1992. Factors that control the stable carbon isotopic composition of methane produced in an anoxic marine sediment[J]. Global Biogeochem, 6: 271-291.

AN D, CAFFREY S M, SOH J, et al., 2013. Metagenomics of hydrocarbon resource environments indicates aerobic taxa and genes to be unexpectedly common[J]. Environ. Sci. Technol, 47: 10 708-10 717.

ANNA A R, NAGARAJU D, ANASTASIA A, et al., 2014. Experimental simulation of trace element evolution from the excluded mineral fraction during coal combustion using GFAAS and TGA-DSC[J]. Fuel, 124: 28-40.

ARAMAKI N, TAMAMURA S, UENO A, et al., 2017. Experimental investigation on the feasibility of industrial methane production in the subsurface environment via microbial activities in northern Hokkaido, Japan – A process involving subsurface cultivation and gasification [J]. Energy Conversion and Onversion and Management, 153: 566 – 575.

ARAVENA R, HARRISON S M, BARKER J F, et al., 2003. Origin of methane in the Elk Valley coalfield, southeastern british columbia, Canada[J]. Chem. Geol, 195: 219 – 227.

BALDASSARE F J, MCCAFFREY M A, HARPER J A, 2014. A geochemical context for stray gas investigations in the northern Appalachian Basin: implications of analyses of natural gases from Neogene – through Devonian – age strata[J]. AAPG Bulletin, 98: 341 – 372.

BAO Y, HUANG H P, HE D S, et al., 2016. Microbial enhancing coal – bed methane generation potential, constraints and mechanism – A mini – review[J]. J. Nat. Gas Sci. Eng., 2016, 35: 68 – 78.

BAO Y, JU Y W, HUANG H P, et al., 2019. Potential and constraints of Biogenic methane generation from coals and mudstones from Huaibei Coalfield, Eastern China[J]. Energy Fuels, 33: 287 – 295.

BAO Y, WEI C T, NEUPANE, C B, 2016. Generation and accumulation characteristics of mixed coalbed methane controlled by tectonic evolution in Liulin CBM field, eastern Ordos Basin, China[J]. J. Nat. Gas Sci. Eng., 28: 262 – 270.

BARKER J F, FRITZ P, 1981. Carbon isotope fractionation during microbial methane oxidation[J]. Nature, 293: 289 – 291.

BARNHART E P, DE LEóN K B, RAMSAY B D, et al., 2013. Investigation of coal – associated bacterial and archaeal populations from a diffusive microbial sampler(DMS)[J]. Int. J. Coal Geol., 115: 64 – 70.

BARNHART E P, WEEKS E P, JONES E J P, et al., 2016. Hydrogeochemistry and coal – associated bacterial populations from a methanogenic coal bed[J]. Int. J. Coal Geol., 162: 14 – 26.

BATES B L, MCINTOSH J C, LOHSE K A, et al., 2011. Influence of groundwater flow-paths, residence times and nutrients on the extent of microbial methanogenesis in coal beds: Powder River Basin, USA[J]. Chem. Geol., 284: 45 – 61.

BECKMANN S, LUEDERS T, KRUGER M, et al., 2011. Acetogens and acetoclastic methanosarcinales govern methane formation in abandoned coal mines[J]. Appl. Environ. Microbiol., 77: 3749 – 3756.

BECKMANN S, LUK A W S, GUTIERREZ – ZAMORA M L, et al., 2018. Long –

term succession in a coal seam microbiome during in situ biostimulation of coalbed-methane generation[J]. ISME J., 13(3): 632-650.

BHARATH G K, SANDHYA A, GANGAGNI R, et al., 2013. Gas phase bio-filter for the removal of triethylamine(TEA) from air: Microbial diversity analysis with reference to design parameters[J]. Bioresource Technology, 139: 155-160.

BI Z T, ZHANG J, PARK S, et al., 2017. A formation water-based nutrient recipe for potentially increasing methane release from coal in situ[J]. Fuel, 209: 498-508.

BLAIR N E, MARTENS C S, DES MARAIS D J, 1987. Natural abundances of carbon isotopes in acetate from a coastal marine sediment[J]. Science, 236: 66-68.

BLASER M B, DREISBACH L K, CONRAD R, 2013. Carbon isotope fractionation of 11 acetogenic strains grown on H_2 and CO_2[J]. Appl. Environ. Microbiol., 79: 1787-1794.

BOETIUS A, RAVENSCHLAG K, SCHUBERT C J, et al., 2000, A marine microbial consortium apparently mediating anaerobic oxidation of methane[J]. Nature, 407: 623-626.

BROWN A, 2011. Identification of source carbon for microbial methane in unconventional gas reservoirs[J]. AAPG Bull. 95: 1321-1338.

BURRA A, ESTERLE J S, GOLDING S D, 2014. Coal seam gas distribution and hydrodynamics of the Sydney Basin, NSW, Australia[J]. Aust. J. Earth Sci., 61: 427-451.

CAI Y, LIU D, YAO Y, et al., 2011. Geological controls on prediction of coalbed methane of No. 3 coal seam in Southern Qinshui Basin, North China[J]. Int. J. Coal Geol., 88: 101-112.

CHEN F, HE H, ZHAO S M, et al., 2018. Analysis of microbial community succession during methane production from Baiyinhua lignite[J]. Energy Fuels, 32: 10311-10320.

CHEN T Y, RODRIGUES S, GOLDING S D, et al., 2018. Improving coal bioavailability for biogenic methane production via hydrogen peroxide oxidation [J]. International Journal of Coal Geology, 195: 402-414.

CHEN T, HANG Z, HAMILTON S, et al., 2017. Characterisation of bioavailability of Surat Basin Walloon coals for biogenic methane production using environmental microbial consortia[J]. International Journal of Coal Geology, 179: 92-112.

CHEN T, ZHENG H, HAMILTON S, et al., 2017. Characterisation of bioavailability of Surat Basin Walloon coals for biogenic methane production using environmental microbial consortia[J]. Int. J. Coal Geol., 179: 92-112.

CHEUNG K, KLASSEN P, MAYER B, et al., 2010. Major ion and isotope geochemistry of fluids and gases from coalbed methane and shallow groundwater wells in Alberta, Canada[J]. Appl. Geochem., 25: 1307-1329.

CHOI K S, KONDAVEETI S, MIN B, 2017. Bioelectrochemical methane (CH_4) production in anaerobic digestion at different supplemental voltages[J]. Bioresource Technology, 245: 826-832.

COHEN M S, GABRIELE P D, 1982. Degradation of coal by the fungi Polyporus versicolor and Poria monticola[J]. Appl. Environ. Microbiol., 44: 23-27.

COKAR M, FORD B, KALLOS M S, et al., 2013. New gas material balance to quantify biogenic gas generation rates from shallow organic-matter-rich shales[J]. Fuel, 104: 443-451.

COLOSIMO F, THOMAS LLOYD J R, TAYLOR K G, et al., 2016. Biogenic methane in shale gas and coal bed methane: A review of current knowledge and gaps[J]. Int. J. Coal Geol., 165: 106-120.

COLOSIMO F, THOMAS R, LLOYD J R, et al., 2016. Biogenic methane in shale gas and coal bed methane: A review of current knowledge and gaps[J]. International Journal of Coal Geology, 165: 106-120.

CONRAD R, 2005. Quantification of methanogenic pathways using stable carbon isotopic signatures: a review and a proposal[J]. Org. Geochem., 36: 739-752.

CONRAD R, KLOSE M, 2011. Stable carbon isotope discrimination in rice field soil during acetate turnover by syntrophic acetate oxidation or acetoclastic methanogenesis[J]. Geochim. Cosmochim. Acta., 75: 1531-1539.

CONRAD R, NOLL M, CLAUS P, et al., 2011. Stable carbon isotope discrimination and microbiology of methane formation in tropical anoxic lake sediments[J]. Biogeosciences, 8: 795-814.

DAI S F, LUO Y B, VLADIMIR V, 2014. Revisiting the late Permian coal from the Huayingshan, Sichuan, southwestern China: Enrichment and occurrence modes of minerals and trace elements[J]. International Journal of Coal Geology, 1(122): 110-128.

DAVIS K J, GERLACH R, 2018. Transition of biogenic coal-to-methane conversion from the laboratory to the field: A review of important parameters and studies[J]. Int. J. Coal Geol., 185: 33-43.

DAVIS K J, LU S, BARNHART E P, et al., 2018. Type and amount of organic amendments affect enhanced biogenic methane production from coal and microbial community structure[J]. Fuel, 211: 600-608.

DAWSON K S, STRAPOC D, HUIZINGA B, et al., 2012. Quantitative fluorescence in situ hybridization analysis of microbial consortia from a biogenic gas field in Alaska's Cook Inlet Basin[J]. Appl. Environ. Microbiol., 78(10): 3599-3605.

DOERFERT S N, REICHLEN M, IYER P, et al., 2009. Methanolobus zinderi sp. nov., a methylotrophic methanogen isolated from a deep subsurface coal seam[J]. Int. J. Syst. Evol. Microbiol., 59: 1064-1069.

EVANS P N, PARKS D H, CHADWICK G L, et al., 2015. Methane metabolism in the archaeal phylum Bathyarchaeota revealed by genome-centric metagenomics[J]. Science, 350(6259): 434-438.

FAIZ M, HENDRY P, 2006. Significance of microbial activity in Australian coal bed methane reservoir-a review[J]. Bull. Can. Petrol. Geol., 54(3): 261-272.

FALLGREN P H, JIN S, ZENG C, et al., 2013. Comparison of coal rank for enhanced biogenic natural gas production[J]. Int. J. Coal Geol., 115: 92-96.

FENG Y, ZHANG Y, CHEN S, et al., 2015. Enhanced production of methane from waste activated sludge by the combination of high-solid anaerobic digestion and microbial electrolysis cell with iron-graphite electrode[J]. Chemical Engineering Journal, 259: 787-794.

FLORES R M, RICE C A, STRICKER G D, et al., 2008. Methanogenic pathways of coal-bed gas in the Powder River Basin, United States: the geologic factor[J]. Int. J. Coal Geol., 76: 52-75.

FUERTEZ J, BOAKYE R, MCLENNAN J, et al., 2017. Developing methanogenic microbial consortia from diverse coal sources and environments[J]. Journal of Natural Gas Science and Engineering, 46: 637-650.

FURMANN A, SCHIMMELMANN A, BRASSELL S C, et al., 2013. Chemical compound classes supporting microbial methanogenesis in coal[J]. Chem. Geol., 339: 226-241.

GAO L, BRASSELL S C, MASTALERZ M, et al., 2013. Microbial degradation of sedimentary organic matter associated with shale gas and coalbed methane in eastern Illinois Basin[J]. Int. J. Coal Geol., 107: 152-164.

GHOSH S, JHA P, VIDYARTHI A S, 2014. Unraveling the microbial interactions in coal organic fermentation for generation of methane-A classical to metagenomic approach[J]. Int. J. Coal Geol., 125: 36-44.

GIANG H N, ZHANG J, ZHU Z Y, et al., 2018. Single-chamber microbial electrochemical cell for CH_4 production from CO_2 utilizing a microbial consortium[J]. International Journal of Energy Research, 42: 1308-1315.

GLOSSNER A W, GALLAGHER L K, LANDKAMER L, et al., 2016. Factors controlling the co-occurrence of microbial sulfate reduction and methanogenesis in coal bed reservoirs[J]. Int. J. Coal Geol., 165: 121-132.

GOLDING S D, BOREHAM C J, ESTERLE J S, 2013. Stable isotope geochemistry of coal bed and shale gas and related production waters: a review[J]. Int. J. Coal Geol., 120: 24-40.

GRASBY S E, OSBORN J, CHEN Z, et al., 2010. Influence of till provenance on regional groundwater geochemistry[J]. Chem. Geol., 273: 225-237.

GREEN M S, FLANEGAN K C, GILCREASE P C, et al., 2008. Characterization of methanogenic consortium enriched from a coalbed methane well in the Powder River Basin, USA[J]. Int. J. Coal Geol, 76: 34-45.

GUI H, CHEN L, SONG X, 2005. Drift features of oxygen and hydrogen stable isotopes in deep groundwater in mining area of northern Anhui[J]. J. Harbin. Inst. Technol., 37: 111-114.

GUO H G, CHEN C, LIANG W G, et al., 2020. Enhanced biomethane production from anthracite by application of an electric field[J]. International Journal of Coal Geology, 219: 103 393.

GUO H G, CHENG Y T, HUANG Z X, et al., 2019a. Factors affecting co-degradation of coal and straw to enhance biogenic coalbed methane[J]. Fuel, 244: 240-246.

GUO H G, HAN Q, ZHANG J L, et al., 2021. Available methane from anthracite by combining coal seam microflora and H_2O_2 pretreatment[J]. International Journal of Energy Research, 45: 1959-1970.

GUO H G, ZHANG Y W, ZHANG J L, et al., 2019b. Characterization of anthracite-degrading methanogenic microfloram enriched from Qinshui Basin in China[J]. Energy & Fuels, 33: 6380-6389.

GUO H Y, DONG Z W, SU X B, et al., 2018. Synergistic biodegradation of coal combined with corn straw as a substrate to methane and theprospects for its application [J]. Energy & Fuels, 32: 7011-7016.

GUO H Y, DONG Z W, LIU X, et al., 2019a. Analysis of methanogens adsorption and biogas production characteristics from different coal surfaces[J]. Environmental Science and Pollution Research, 26: 13 825-13 832.

GUO H Y, GAO Z X, XIA D P, et al., 2019b. Biological methanation of coal in various atmospheres containing CO_2[J]. Fuel, 242: 334-342.

GUO H Y, ZHANG M L, DONG Z W, et al., 2020. The mechanisms of biogenic methane metabolism by synergistic biodegradation of coal and corn straw[J]. Bioresource Technology, 298: 122 577.

GUO H, LIU R, YU Z, et al., 2012. Pyrosequencing reveals the dominance of methylotrophic methanogenesis in a coal bed methane reservoir associated with Eastern Ordos

Basin in China[J]. Int. J. Coal Geol.,93:56-61.

GUO H,YU Z,LIU R,et al.,2012. Methylotrophic methanogenesis governs the biogenic coal bed methane formation in Eastern Ordos Basin,China [J]. Applied Microbiology and Biotechnology,96(6):1587-1597.

GUO H,YU Z,THOMPSON I P,et al.,2014. A contribution of hydrogenotrophic methanogenesis to the biogenic coal bed methane reserves of Southern Qinshui Basin,China[J]. Appl. Microbiol. Biotechnol.,98:9083-9093.

GUO H,YU Z,ZHANG H,2015. Phylogenetic diversity of microbial communities associated with coalbed methane gas from Eastern Ordos Basin,China[J]. Int J Coal Geol,150:120-126.

GUO H,ZHANG J,HAN Q,et al.,2017. Important role of fungi in the production of secondary biogenic coalbed methane in China's southern Qinshui Basin[J]. Energy Fuel,31:7197-7207.

GUO P K,CHENG Y P,JIN K,et al.,2014. The impact of faults on the occurrence of coal bed methane in Renlou coal mine,Huaibei coalfield,China[J]. J. Nat. Gas Sci. Eng.,17:151-158.

GUPTA P,GUPTA A,2014. Biogas production from coal via anaerobic fermentation[J]. Fuel,118:238-242.

HAKIL F,AMIN-ALI O,HIRSCHLER-REA A,et al.,2013. Desulfatiferula berrensis sp. nov.,a n-alkene-degrading sulfatereducing bacterium isolated from estuarine sediments[J]. Int. J. Syst. Evol. Microbiol.,64:540-544.

HAMILTON S K,GOLDING S D,BAUBLYS K A,et al.,2014. Stable isotopic and molecular composition of desorbed coal seam gases from the Walloon Subgroup,eastern Surat Basin,Australia[J]. Int. J. Coal Geol.,122:21-36.

HAMILTON S K,GOLDING S D,BAUBLYS K A,et al.,2015. Conceptual exploration targeting for microbially enhanced coal bed methane(MECOM) in the Walloon Subgroup,eastern Surat Basin,Australia[J]. Int. J. Coal Geol. 138:68-82.

HAMILTON,S K,GOLDING S D,BAUBLYS K A,et al.,2014. Stable isotopic and molecular composition of desorbed coal seam gases from the Walloon Subgroup,eastern Surat Basin,Australia[J]. Int. J. Coal Geol.,122:21-36.

HANG Z,CHEN T,RUDOLPH V,et al.,2016. Biogenic methane production from Bowen Basin coal waste materials[J]. International Journal of Coal Geology,169:22-27.

HANNAH S,DANIEL R,JENNIFER M,et al.,2019. Changes in microbial communities and associated water and gas geochemistry across a sulfate gradient in coal beds:Powder River Basin,USA[J]. Geochim. Cosmochim. Ac.,245:495-513.

HARRIS S H, SMITH R L, BARKER C E, 2008. Microbial and chemical factors influencing methane production in laboratory incubations of low-rank subsurface coals[J]. Int. J. Coal Geol., 76: 46-51.

HAZRIN-CHONG N H, DAS T, MANEFIELD M, 2021. Surface physico-chemistry governing microbial cell attachment and biofilm formation on coal[J]. International Journal of Coal Geology, 236: 103 671.

HE H, ZHAN D, CHEN F, et al., 2020. Microbial community succession between coal matrix and culture solution in a simulated methanogenic system with lignite[J]. Fuel, 264: 116 905.

HEALY R W, BARTOS T T, RICE C A, et al., 2011. Groundwater chemistry near an impoudment for produced water, Powder River Basin, Wyoming, USA[J]. J. Hydrol., 403: 37-48.

HEUER V B, POHLMAN J W, TORRES M E, et al., 2009. The stable carbon isotope biogeochemistry of acetate; other dissolved carbon species in deep subseafloor sediments at the northern Cascadia Margin[J]. Geochim. Cosmochim. Acta., 73: 3323-3336.

HINRICHS K U, HAYES J M, SYLVA S P, et al., 1999. Methane-consuming archaebacteria in marine sediments[J]. Nature, 398: 802-805.

HOEHLER T M, ALPERIN M J, ALBERT D B, et al., 1998. Thermodynamic control on hydrogen concentrations in anoxic sediments[J]. Geochim. Cosmochim. Acta., 62: 1745-1756.

HONGW L, TORRES M E, KIM J H, et al., 2014. Towards quantifying the reaction network around the sulfate-methane-transition-zone in the Ulleung Basin, East Sea, with a kinetic modeling approach[J]. Geochim. Cosmochim. Acta, 140: 127-141.

HORNIBROOK E R C, LONGSTAFFE F J, FYFE W S, 2000. Evolution of stable carbon isotope compositions for methane and carbon dioxide in freshwater wetlands and other anaerobic environments[J]. Geochim. Cosmochim. Acta., 64: 1013-1027.

HUANG H, BI C, SANG S, et al., 2017. Signature of coproduced water quality for coalbed methane development[J]. J. Nat. Gas. Sci. Eng., 47: 34-46.

HUANG H, SANG S, MIAO Y, et al., 2017. Trends of ionic concentration variations in water coproduced with coalbed methane in the Tiefa Basin[J]. Int. J. Coal Geol., 182: 32-41.

HUMEZ P, MAYER B, NIGHTINGALE M, et al., 2016. Redox controls on methane formation, migration and fate in shallow aquifers[J]. Hydrol. Earth Syst. Sc., 20(7): 2759-2777.

JIAN K, CHEN G, GUO C, et al., 2019. Biogenic gas simulation of low-rank coal and its structure evolution[J]. J. Petrol. Sci. Eng., 173: 1284-1288.

JIAN K, LU L, 2017. Geochemical characteristics of produced water from CBM wells and implications for commingling CBM production: A case study of the Bide-Santang basin, western Guizhou, China[J]. J. Pet. Sci. Eng., 159: 666-678.

JIANG B, QU Z, WANG G G X, et al., 2010. Effects of structural deformation on formation of coalbed methane reservoirs in Huaibei coalfield, China[J]. Int. J. Coal Geol., 82: 175-183.

JONES E J P, HARRIS S H, BARNHART E P, et al., 2013. The effect of coal bed dewatering and partial oxidation on biogenic methane potential[J]. Int. J. Coal Geol., 115: 54-63.

JONES E J P, VOYTEK M A, CORUM M D, et al., 2010. Stimulation of methane generation from nonproductive coal by addition of nutrients or a microbial consortium[J]. Appl. Environ. Microbiol., 76: 7019-7022.

JONES E J P, VOYTEK M A, WARWICK P D, et al., 2008. Bioassay for estimating the biogenic methane-generating potential of coal samples[J]. Int. J. Coal Geol., 76: 138-150.

KADIER A, KALIL M S, ABDESHAHIAN P, et al., 2016. Recent advances and emerging challenges in microbial electrolysis cells(MECs) for microbial production of hydrogen and value-added chemicals[J]. Renewable & Sustainable Energy Reviews 61: 501-525.

KANDUC T, MARKIC M, ZAVSEK S, et al., 2012. Carbon cycling in the Pliocene Velenje Coal Basin, Slovenia, inferred from stable carbon isotopes[J]. Int. J. Coal Geol. 89: 70-83.

KERN T, LINGE M, ROTHER M, 2015. Methanobacterium aggregans sp. nov., a hydrogenotrophic methanogenic archaeon isolated from an anaerobic digester[J]. Int. J. Syst. Evol. Microbiol., 65: 1975-1980.

KHELIFI N, AMIN ALI O, ROCHE P, et al., 2014. Anaerobic oxidation of long-chain n-alkanes by the hyperthermophilic sulfate-reducing archaeon, Archaeoglobus fulgidus[J]. ISME J., 8: 2153-2166.

KING G M, 1984. Utilization of hydrogen, acetate, and "noncompetitive" substrates by methanogenic bacteria in marine sediments[J]. Geomicrobiol. J., 3: 275-306.

KINNON E C P, GOLDING S D, BOREHAM C J, et al., 2010. Stable isotope and water quality analysis of coal bed methane production waters and gases from the Bowen Basin, Australia[J]. Int. J. Coal Geol., 82: 219-231.

KIRK M F, MARTINI A M, BREECKER D O, et al., 2012. Impact of commercial natural gas production on geochemistry and microbiology in a shale – gas reservoir[J]. Chem. Geol., (332 – 333): 15 – 25.

KOATARBA M J, 2001. Composition and origin of coalbed gases in the Upper Silesian and Lublin basins, Poland[J]. Org. Geochem., 32: 163 – 180.

KOMADA T, BURDIGE D J, LI H L, et al., 2016. Organic matter cycling across the sulfate – methane transition zone of the Santa Barbara Basin, California Borderland[J]. Geochim. Cosmochim. Acta, 176: 259 – 278.

KONG X, WANG E, LIU Q, et al., 2017. Dynamic permeability and porosity evolution of coal seam rich in CBM based on the flow – solid coupling theory[J]. J. Nat. Gas Sci. Eng., 40: 61 – 71.

LAWSON C E, STRACHAN C R, WILLIAMS D D, et al., 2015. Patterns of endemism and habitat selection in coalbed microbial communities[J]. Appl Environ Microbiol., 81: 7924 – 7937.

LI D., HENDRY P, FAIZ M, 2008. A survey of the microbial populations in some Australian coalbed methane reservoirs[J]. Int. J. Coal Geol., 76: 14 – 24.

LI Q, JU Y, BAO Y, et al., 2015. Composition, Origin, and Distribution of Coalbed Methane in the Huaibei Coalfield, China[J]. Energy Fuels, 29: 546 – 555.

LI Q, JU Y, LU W, et al., 2016. Water – rock interaction and methanogenesis in formation water in the southeast Huaibei coalfield, China[J]. Mar. Petrol. Geol., 77: 435 – 447.

LI X, LI Y, ZHAO X, et al., 2019. Restructured fungal community diversity and biological interactions promote metolachlor biodegradation in soil microbial fuel cells[J]. Chemosphere, 221: 735 – 749.

LI Y, SHI W, TANG S H, 2019. Microbial Geochemical Characteristics of the Coalbed Methane in the Shizhuangnan Block of Qinshui Basin, North China and their Geological Implications[J]. Acta. Geol. Sin. – Engl., 93(3): 660 – 674.

LIU F J, GUO H G, WANG Q R, et al., 2019. Characterization of organic compounds from hydrogen peroxide – treated subbituminous coal and their composition changes during microbial methanogenesis[J]. Fuel, 237: 1209 – 1216.

LIU J, LIU E, ZHAO Y, et al., 1997. Discussion on the stable isotope time – spacen distribution law of China atmospheric precipitation[J]. Site. Investig. Sci. Technol., 14: 14 – 18.

LUO G, ALGEO T J, ZHAN R, et al., 2016. Perturbation of the marine nitrogen cycle during the Late Ordovician glaciation and mass extinction[J]. Palaeogeogr. Palaeoclimatol., 448: 339 – 348.

LUO G, HALLMANN C, XIE S, et al., 2015. Comparative microbial diversity and redox environments of black shale and stromatolite facies in the Mesoproterozoic Xiamaling Formation[J]. Geochim. Cosmochim. Acta, 151: 150-167.

LUO G, JUNIUM C K, KUMP L R, et al., 2014. Shallow stratification prevailed for 1700 to 1300 Ma ocean: Evidence from organic carbon isotopes in the North China Craton [J]. Earth Planet Sci. Lett., 400: 219-232.

LUO G, KUMP L R, WANG Y, et al., 2010. Isotopic evidence for an anomalously low oceanic sulfate concentration following end-Permian mass extinction[J]. Earth Planet. Sci. Lett., 300: 101-111.

MA T, LIU L Y, RUI J P, et al., 2017. Coexistence and competition of sulfate-reducing and methanogenic populations in an anaerobic hexadecane-degrading culture[J]. Biotech. Biofuels, 10: 207.

MAYUMI D, MOCHIMARU H, TAMAKI H, et al., 2016. Methane production from coal by a single methanogen[J]. Science, 354(6309): 222-225.

MAZZINI A, SVENSEN H, HOVLAND M, et al., 2006. Comparison and implications from strikingly different authigenic carbonates in a Nyegga complex pockmark, G11, Norwegian Sea[J]. Mar. Geol., 231: 89-102.

MCINTOSH J C, WALTER L M, MARTINI A M, 2002. Pleistocene recharge to midcontinent basins: effects on salinity structure and microbial gas generation[J]. Geochim. Cosmochim. Acta., 66: 1681-1700.

MCINTOSH J C, WALTER L M, MARTINI A M, 2004. Extensive microbial modification of formation water geochemistry: case study from a Midcontinent sedimentary basin, United States[J]. Geol. Soc. Am. Bull., 116: 743-759.

MCINTOSH J C, WARWICK P D, MARTINI A M, et al., 2010. Coupled hydrology and biogeochemistry of Paleocene-Eocene coal beds, northern Gulf of Mexico[J]. GSA Bull, 122: 1248-1264.

MCINTOSH J, MARTINI A, PETSCH S, et al., 2008. Biogeochemistry of the Forest City Basin coalbed methane play[J]. Int. J. Coal Geol., 76: 111-118.

MEGONIGAL J P, MINES M E, VISSCHER P T, 2005. Linkages to trace gases and aerobic processes[J]. Biogeochemistry, 8: 317.

MEISTER P, MCKENZIE J A, VASCONCELOS C, et al., 2007. Dolomite formation in the dynamic deep biosphere: Results from the Peru Margin[J]. Sedimentol., 54: 1007-1031.

MESLÉ M, DROMART G, OGER P, 2013. Microbial methanogenesis in subsurface oil and coal[J]. Res. Microbiol., 164: 959-972.

MIDGLEY D J, HENDRY P, PINETOWN K L, et al., 2010. Characterisation of a microbial community associated with a deep, coal seam methane reservoir in the Gippsland Basin, Australia[J]. Int. J. Coal Geol., 82: 232-239.

MILKOV A V, 2011. Worldwide distribution and significance of secondary microbial methane formed during petroleum biodegradation in conventional reservoirs[J]. Org. Geochem., 42(2): 184-207.

MILUCKA J, FERDELMAN T G, POLERECKY L, et al., 2012. Zero-valent sulphur is a key intermediate in marine methane oxidation[J]. Nature, 491: 541-546.

MOORE T A, 2012. Coalbed methane: a review[J]. Int. J. Coal Geol., 101, 36-81.

MOORE T S, MURRAY R W, KURTZ A C, et al., 2004. Anaerobic methane oxidation and the formation of dolomite[J]. Earth Planet. Sci. Lett., 229: 141-154.

MORI K, IINO T, SUZUKI K I, et al., 2012. Aceticlastic and NaCl-requiring methanogen 'Methanosaeta pelagica' sp. nov., isolated from marine tidal flat sediment[J]. Appl. Environ. Microbiol., 78: 3416-3423.

MUYZER G, STAMS A J M, 2008. The ecology and biotechnology of sulfate-reducing bacteria[J]. Nat. Rev. Microbiol., 6: 441-454.

NAKAGAWA F, YOSHIDA N, NOJIRI Y, et al., 2002. Production of methane from alasses in eastern Siberia: implications from its ^{14}C and stable isotopic compositions[J]. Global Biogeochem., 16(3): 1-15.

NETZER F, KUNTZE K, VOGT C, et al., 2016. Functional gene markers for fumarate-adding and dearomatizing key enzymes in anaerobic aromatic hydrocarbon degradation in terrestrial environments[J]. J. Mol. Microbiol. Biotechnol. 26: 180-194.

NI Y, DAI J, ZOU C, et al., 2013. Geochemical characteristics of biogenic gases in China[J]. Int. J. Coal Geol., 113: 76-87.

NISHIOKA M, 1993. Irreversibility of solvent swelling of bituminous coals[J]. Fuel, 72: 997-1000.

NUNEZ H, COVARRUBIAS P C, MOYA-BELTRAN A, et al., 2016. Detection, identification and typing of Acidithiobacillus species and strains: a review[J]. Res. Microbiol., 167: 555-567.

OREM W H, VOYTEK M A, JONES E J P, et al., 2010. Organic intermediates in the anaerobic biodegradation of coal to methane under laboratory conditions[J]. Org. Geochem., 41: 997-1000.

OREN A, 2011. Thermodynamic limits to microbial life at high salt concentrations[J]. Environ. Microbiol., 13: 1908-1923.

OSBORN S G, MCINTOSH J C, 2010. Chemical and isotopic tracers of the contribution of microbial gas in Devonian organic-rich shales and reservoir sandstones, northern Appalachian Basin[J]. Appl. Geochem., 25: 456-471.

OWEN D D R, RAIBER M, COX M E, 2015. Relationships between major ions in coal seam gas groundwaters: examples from the Surat and Clarence-Moreton basins[J]. Int. J. Coal Geol., 137: 77-91.

PAN Z, WOOD D A, 2015. Coalbed methane (CBM) exploration, reservoir characterisation, production, and modelling: a collection of published research(2009—2015)[J]. J. Nat. Gas Sci. Eng., 26: 1472-1484.

PAPENDICK S L, DOWNS K R, VO K D, et al., 2011. Biogenic methane potential for Surat Basin, Queensland coal seams[J]. Int. J. Coal Geol., 88: 123-134.

PARK S Y, LIANG Y, 2016. Biogenic methane production from coal: A review on recent research and development on microbially enhanced coalbed methane (MECBM)[J]. Fuel, 166: 258-267.

PARK S Y, LIANG Y, 2016. Biogenic methane production from coal: a review on recent research and development on microbially enhanced coalbed methane (MECBM)[J]. Fuel, 166: 258-267.

PASHIN J C, MCINTYRE-REDDEN M R, MANN S D, et al., 2014. Relationships between water and gas chemistry in mature coalbed methane reservoirs of the Black Warrior Basin[J]. Int. J. Coal Geol., 126: 92-105.

PENGER J, CONRAD R, BLASER M, 2012. Stable carbon isotope fractionation by methylotrophic methanogenic Archaea[J]. Appl. Environ. Microbiol., 78: 7596-7602.

PENNER T J, FOGHT J M, BUDWILL K, 2010. Microbial diversity of western Canadian subsurface coal beds and methanogenic coal enrichment cultures[J]. Int. J. Coal Geol., 82: 81-93.

QIAN C, WU X, MU W P, et al., 2016. Hydrogeochemical characterization and suitability assessment of groundwater in an agro-pastoral area, Ordos Basin, NW China[J]. Environ. Earth Sci., 75: 20.

RAHMAN M T, CROMBIE A, CHEN Y, et al., 2011. Environmental distribution and abundance of the facultative methanotroph Methylocella[J]. ISME J., 5: 1061-1066.

RAUDSEPP M J, GAGEN E J, EVANS P, et al., 2016. The influence of hydrogeological disturbance and mining on coal seam microbial communities[J]. Geobiology, 14: 163-175.

RICE C A, FLORES R M, STRICKER G D, et al., 2008. Chemical and stable isotopic evidence for water/rock interaction and biogenic origin of coalbed methane, Fort Union Formation, Powder River Basin, Wyoming and Montana USA[J]. Int. J. Coal Geol., 76: 76-85.

RICE D D, CLAYPOOL G E, 1981. Generation, accumulation, and resource potential of biogenic gas[J]. Am. Assoc. Pet. Geol. Bull., 65: 5-25.

RITTER D, VINSON D, BARNHART E, et al., 2015. Enhanced microbial coalbed methane generation: A review of research, commercial activity, and remaining challenges [J]. Int. J. Coal Geol., 146: 28-41.

ROBBINS S J, EVANS P N, PARKS D H, et al., 2016. Genome-centric analysis of microbial populations enriched by hydraulic fracture fluid additives in a coal bed methane production well[J]. Front Microbiol., 7: 1-15.

ROCKNE K J, CHEE-SANFORD J C, SANFORD R A, et al., 2000. Anaerobic naphthalene degradation by microbial pure cultures under nitrate-reducing conditions[J]. Appl. Environ. Microbiol., 66: 1595-1601.

ROGOFF M H, 1962. Chemistry of oxidation of polycyclic aromatic hydrocarbons by soil pseudomonads[J]. J. Bacteriol., 83: 998-1004.

SALMACHI A, SAYYAFZADEH M, HAGHIGHI M, et al., 2013. Infill well placement optimization in coal bed methane reservoirs using genetic algorithm[J]. Fuel, 111: 248-258.

SCHLEGEL M E, MCINTOSH J C, BATES B L, et al., 2011. Comparison of fluid geochemistry and microbiology of multiple organic-rich reservoirs in the Illinois Basin, USA: Evidence for controls on methanogenesis and microbial transport[J]. Geochim. Cosmochim. Acta., 75: 1903-1919.

SCHWEITZER H, RITTER D, MCINTOSH J, et al., 2019. Changes in microbial communities and associated water and gas geochemistry across a sulfate gradient in coal beds: Powder River Basin, USA[J]. Geochim. Cosmochim. Ac., 245: 495-513.

SCOTT A R, 1999. Improving coal gas recovery with microbially enhanced coalbed methane[C] // MASTALETCZ M, GLIKSON M, GOLDING S. Coalbed Methane: Scientific,Environmental, and E-conomic Evaluations. Netherlands: Kluwer Academic Publishers.

SCOTT A R, 2002. Hydrogeologic factors affecting gas content distribution in coal beds[J]. Int. J. Coal Geol., 50: 363-387.

SCOTT A R, KAISE W R, AYER W B, 1994. Thermogenic and secondary biogenic gases, San Juan Basin, Colorado and New Mexico implications for coalbed gas producibility[J]. AAPG Bull, 78(8): 1186-1209.

SELA-ADLER M, RONEN Z, HURET B, et al., 2017. Co-existence of methanogenesis and sulfate reduction with common substrates in sulfate - rich estuarine sediments[J]. Front. Microbiol., 8: 766.

SEOK - PYO Y, JI - YOUNG J, HAK - SANG L, 2016. Stimulation of biogenic methane generation from lignite through supplying an external substrate[J]. Internation Journal of Coal Geology, 162: 39 - 44.

SESSIONS A L, SYLVA S P, SUMMONS R E, et al., 2004. Isotopic exchange of carbon - bound hydrogen over geologic timescales[J]. Geochim. Cosmochim. Acta, 68: 1545 - 1559.

SHARMA S, BAGGETT J K, 2011. Application of carbon isotopes to detect seepage out of coalbed natural gas produced water impoundments[J]. Appl. Geochem., 26: 1423 - 1432.

SHEN Y A, BUICK R, CANFIELD D E, 2001. Isotopic evidence for microbial sulphate reduction in the early Archaean era[J]. Nature, 410: 77 - 81.

SHIMIZU S, AKIYAMA M, NAGANUMA T, et al., 2007. Molecular characterization of microbial communities in deep coal seam groundwater of northern Japan[J]. Geobiology, 5: 423 - 433.

SHUAI Y, ZHANG S, GRASBY S E, et al., 2013. Controls on biogenic gas formation in the Qaidam Basin, northwestern China[J]. Chem. Geol., 335: 36 - 47.

SINGH D N, KUMAR A, SARBHAI M P, et al., 2011. Cultivation - independent analysis of archaeal and bacterial communities of the formation water in an Indian coal bed to enhance biotransformation of coal into methane[J]. Appl. Microbiol. Biotechnol., 93: 1337 - 1350.

SINGH D N, TRIPATHI A K, 2013. Coal induced production of a rhamnolipid biosurfactant by pseudomonas stutzeri, isolated from the formation water of Jharia coalbed[J]. Bioresour. Technol., 128: 215 - 221.

SMITH J W, PALLASSER R J, 1996. Microbial origin of Australian coalbed methane[J]. AAPG Bull, 80(6): 891 - 897.

SONG Y C, FENG Q, AHN Y, 2016. Performance of the Bio - electrochemical Anaerobic Digestion of Sewage Sludge at Different Hydraulic Retention Times[J]. Energy & Fuels30(1): 352 - 359.

SONG Y, LIU S, ZHANG Q, et al., 2012. Coalbed methane genesis, occurrence and accumulation in China[J]. Petrol. Sci., 9(3): 269 - 280.

STOLPER D A, LAWSON M, DAVIS C L, et al., 2014. Formation temperatures of thermogenic and biogenic methane[J]. Science, 344: 1500 - 1503.

STOLPER D A, MARTINI A M, CLOG M, et al., 2015. Distinguishing and understanding thermogenic and biogenic sources of methane using multiply substituted isotopologues[J]. Geochim. Cosmochim. Acta, 161: 219-247.

STRAPOC D, MASTALERZ M, DAWSON K, et al., 2011. Biogeochemistry of microbial coal-bed methane[J]. Annual Review of Earth and Planetary Sciences, 39: 617-656.

STRAPOC D, MASTALERZ M, EBLE C, et al., 2007. Characterization of the origin of coalbed gases in southeastern Illinois Basin by compound-specific carbon and hydrogen stable isotope ratios[J]. Org. Geochem., 38: 267-287.

STRAPOC D, MASTALERZ M, SCHIMMELMANN A, et al., 2010. Geochemical constraints on the origin and volume of gas in the New Albany Shale(Devonian-Mississippian), eastern Illinois Basin[J]. AAPG Bull, 94: 1713-1740.

STRAPOC D, PICARDAL F W, TURICH C, et al., 2008. Methane-producing microbial community in a coal bed of the Illinois Basin[J]. Appl. Environ. Microbiol., 74: 2424-2432.

SU X B, ZHAO W Z, XIA D P, 2018. The diversity of hydrogen-producing bacteria and methanogens within an in situ coal seam[J]. Biotechnology for Biofuels, 11: 245.

SU X, LIN X, LIU S, et al., 2005. Geology of coalbed methane reservoirs in the Southeast Qinshui Basin of China[J]. Int. J. Coal Geol., 62: 197-210.

SUSILAWATI R, GOLDING S D, BAUBLYS K A, et al., 2016. Carbon and hydrogen isotope fractionation during methanogenesis: a laboratory study using coal and formation water[J]. Int. J. Coal Geol., 162: 108-122.

TANG Y Q, JI P, LAI G L, et al., 2012. Diverse microbial communit from the coalbeds of the Ordos Basin, China [J]. International Journal of Coal Geology, 90-91: 21-33.

TAO M X, WANG W C, XIE G X, et al., 2005. Discovery of secondary biogenic coalbed methane in some coalfields of China[J]. Chin. Sci. Bull, 50(Suppl. I): 14-18.

TAO S, TANG D, XU H, et al., 2014. Factors controlling high-yield coalbed methane vertical wells in the Fanzhuang Block, Southern Qinshui Basin[J]. Int. J. Coal Geol., (134-135): 38-45.

TAO S, TANG D, XU H, et al., 2017. Fluid velocity sensitivity of coal reservoir and its effect on coalbed methane well productivity: A case of Baode Block, northeastern Ordos Basin, China[J]. J. Pet. Sci. Eng., 152: 229-237.

TONG L, JU Y W, YANG M, et al., 2013. Geochemical evidence of secondary biogenic and generation approach in Luling coal mine of Huaibei coalfield[J]. J. China Coal Soc., 38(2): 288-293.

UNAL B, PERRY V R, SHETH M, et al., 2012. Trace elements affect methanogenic activity and diversity in enrichments from subsurface coal bed produced water[J]. Front. Microbiol. , 3: 175.

VALENTINE D L, CHIDTHAISONG A, RICE A, et al. , 2004. Carbon and hydrogen isotope fractionation by moderately thermophilic methanogens[J]. Geochim. Cosmochim. Acta. , 68: 1571-1590.

VAN VOAST W. A. , 2003. Geochemical signature of formation waters associated with coalbed methane[J]. AAPG Bull 87: 667-676.

VICK S H W, GREENFIELD P, TRAN-DINH N, et al. , 2018. The Coal Seam Microbiome(CSMB) reference set, a lingua franca for the microbial coal-to-methane community[J]. Int. J. Coal Geol. , 186: 41-50.

VINSON D S, BLAIR N E, MARTINI A M, et al. , 2017. Microbial methane from in situ biodegradation of coal and shale: a review and reevaluation of hydrogen and carbon isotope signatures[J]. Chem. Geol. , 453: 128-145.

WALDRON P J, PETSCH S T, MARTINI A M, et al. , 2007. Nusslein, K. Salinity constraints on subsurface archaeal diversity and methanogenesis in sedimentary rock rich in organic matter[J]. Appl. Environ. Microbiol. , 73: 4171-4179.

WANG A, QIN Y, WU Y, et al. , 2010. Status of research on biogenic coalbed gas generation mechanisms[J]. Min. Sci. Technol. , 20: 271-275.

WANG A, SHAO P, LAN F J, et al. , 2018. Organic chemicals in coal available to microbes to produce biogenic coalbed methane: A review of current knowledge[J]. Journal of Natural Gas Science and Engineering, 60: 40-48.

WANG B B, WANG Y F, CUI X Y, et al. , 2019a. Bioconversion of coal to methane by microbial communities from soil and from an opencast mine in the Xilingol grassland of northeast China[J]. Biotechnology for Biofuels, 12: 236.

WANG B B, YU Z S, ZHANG Y M, et al. , 2019b. Microbial communities from the Huaibei Coalfield alter the physicochemical properties of coal in methanogenic bioconversion [J]. International Journal of Coal Geology, 202: 85-94.

WANG B Y, TAI C, WU L, et al. , 2017. Methane production from lignite through the combined effects of exogenous aerobic and anaerobic microflora[J]. Int. J. Coal Geol. , 173: 84-93.

WANG B, CHAO T, LI W, et al. , 2017. Methane production from lignite through the combined effects of exogenous aerobic and anaerobic microflora[J]. International Journal of Coal Geology, 173: 84-93.

WANG B, SUN F, TANG D, et al., 2015. Hydrological control rule on coalbed methane enrichment and high yield in Fanzhuang block of Qinshui basin[J]. Fuel, 140: 568-577.

WANG L, NIE Y, TANG Y Q, et al., 2016. Diverse bacteria with lignin degrading potentials isolated from two ranks of coal[J]. Front. Microbiol., 7(16057):1428.

WANG Q R, GUO H G, WANG H J, et al., 2019. Enhanced production of secondary biogenic coalbed natural gas from a subbituminous coal treated by hydrogen peroxide and its geochemical and microbiological analyses[J]. Fuel, 236: 1345-1355.

WANG X, JIAO Y, WU L, et al., 2014. Rare earth element geochemistry and fractionation in Jurassic coal from Dongsheng - Shenmu area, Ordos Basin[J]. Fuel, 136: 233-239.

WARNER N R, KRESSE T M, HAYS P D, et al., 2013. Geochemical and isotopic variations in shallow groundwater in areas of the Fayetteville Shale development, north - central Arkansas[J]. Appl. Geochem., 35: 207-220.

WARREN E, BEKINS B, GODSY E, et al., 2004. Inhibition of acetoclastic methanogenesis in crude oil - and creosote - contaminated groundwater[J]. Bioremediation J., 8: 1-11.

WARWICK P D, BRELAND JR F C, HACKLEY P C, 2008. Biogenic origin of coalbed gas in the northern Gulf of Mexico Coastal Plain, USA[J]. Int. J. Coal Geol., 76: 119-137.

WAWRIK B, MENDIVELSO M, PARISI V A, et al., 2012. Field and laboratory studies on the bioconversion of coal to methane in the San Juan Basin[J]. FEMS Microbiol. Ecol., 81: 26-42.

WEELINK S A B, EEKERT M H A, STAMS A. J. M., 2010. Degradation of BTEX by anaerobic bacteria: physiology and application[J]. Rev. Environ. Sci. Biotechnol., 9: 359-385.

WEHRMANN L M, RISGAARD - PETERSEN N, SCHRUM H N, et al., 2011. Coupled organic and inorganic carbon cycling in the deep subseafloor sediment of the northeastern Bering Sea Slope[J]. Chem. Geol., 284: 251-261.

WEI M, YU Z S, ZHANG H X, 2013. Microbial diversity and abundance in a representative small production coal mine of central China[J]. Energy Fuels, 27: 3821-3829.

WEI M, YU Z, JIANG Z, et al., 2014. Microbial diversity and biogenic methane protential of a thermogenic - gas coal mine[J]. Int. J. Coal Geol., 96: 134-135.

WELTE C U, 2016. A microbial route from coal to gas[J]. Science 354(6309): 184.

WENIGER P, FRANCU J, KROOSS B M, et al., 2012. Geochemical and stable carbon isotopic composition of coal-related gases from the SW Upper Silesian Coal Basin, Czech Republic[J]. Org. Geochem., 53: 153-165.

WHITICAR M J, 1999. Carbon and hydrogen isotope systematics of bacterial formation and oxidation of methane[J]. Chem. Geol., 161: 291-314.

WRIGHTON K C, THOMAS B C, SHARON I, et al., 2012. Fermentation, hydrogen, and sulfur metabolism in multiple uncultivated bacterial phyla[J]. Science, 337: 1661-1665.

WU C, YANG Z, QIN, Y, et al., 2018. Characteristics of hydrogen and oxygen isotopes in produced water and productivity response of coalbed methane wells in western Guizhou[J]. Energy Fuels, 32: 11 203-11 211.

XIA D P, HUANG S, YAN X T, et al., 2021. Influencing mechanism of Fe^{2+} on biomethane production from coal[J]. Journal of Natural Gas Science and Engineering, 91: 103 959.

XIAO D, PENG S, WANG B, et al., 2013. Anthracite bio-degradation by methanogenic consortia in Qinshui basin[J]. Int. J. Coal Geol., 116: 46-52.

YANG X Q, CHEN Y M, WU R W, et al., 2018. Potential of biogenic methane for pilotscale fermentation ex situ with lump anthracite and the changes of methanogenic consortia[J]. J. Ind. Microbiol. Biot., 45: 229-237.

YANG X Q, LIANG Q, CHEN Y M, et al., 2019. Alteration of methanogenic Archaeon by ethanol contribute to the enhancement of biogenic methane production of lignite[J]. Frontiers in Microbiology, 10: 2323.

YAO Y B, LIU D M, YAN T, 2014. Geological and hydrogeological controls on the accumulation of coalbed methane in the Weibei field, southeastern Ordos Basin[J]. Int. J. Coal Geol., 121: 148-159.

YASHIRO Y, SAKAI S, EHARA M, et al., 2011. Methanoregula formicica sp. nov., a methane-producing archaeon isolated from methanogenic sludge[J]. Int. J. Syst. Evol. Microbiol., 61: 53-59.

YOON S P, JEON J Y, LIM H S, 2016. Stimulation of biogenic methane generation from lignite through supplying an external substrate[J]. International Journal of Coal Geology, 162: 39-44.

ZABEL M, SCHULZ H D, 2001. Importance of submarine landslides for non-steady state conditions in pore water system-lower Zaire(Congo) deep-sea fan[J]. Mar. Geol., 176: 87-99.

ZEIKUS J, WINFREY M, 1976. Temperature limitation of methanogenesis in aquatic sediments[J]. Appl. Environ. Microbiol., 31: 99-107.

ZHANG J Y, LIU D M, CAI Y D, et al., 2017. Geological and hydrological controls on the accumulation of coalbed methane within the No. 3 coal seam of the southern Qinshui Basin[J]. Int. J. Coal Geol., 182: 94 - 111.

ZHANG J Y, LIU D M, CAI Y D, et al., 2018. Carbon isotopic characteristics of CH_4 and its significance to the gas performance of coal reservoirs in the Zhengzhuang area, Southern Qinshui Basin, North China[J]. J. Nat. Gas Sci. Eng., 58: 135 - 151.

ZHANG J, BI Z T, LIANG Y N, 2018. Development of a nutrient recipe for enhancing methane release from coal in the Illinois basin[J]. Int. J. Coal Geol., 187: 11 - 19.

ZHANG J, LIANG Y, 2017. Evaluating approaches for sustaining methane production from coal through biogasification[J]. Fuel, 202: 233 - 240.

ZHANG J, PARK S Y, LIANG Y, et al., 2016. Finding cost - effective nutrient solutions and evaluating environmental conditions for biogasifying bituminous coal to methane ex situ[J]. Appl. Energ., 165: 559 - 568.

ZHANG J, YIP C, XIA C J, et al., 2019. Evaluation of methane release from coals from the San Juan basin and Powder River basin[J]. Fuel, 244: 388 - 394.

ZHANG S H, TANG S H, LI Z, 2016. Study of hydrochemical characteristics of CBM co - produced water of the Shizhuangnan Block in the southern Qinshui Basin, China, on its implication of CBM development[J]. Int. J. Coal Geol., 159: 169 - 182.

ZHANG S H, TANG S H, LI Z, et al., 2015. Stable isotope characteristics of CBM co - produced water and implications for CBM development: The example of the Shizhuangnan block in the southern Qinshui Basin, China[J]. J. Nat. Gas Sci. Eng., 27: 1400 - 1411.

ZHANG S, SHUAI Y, HUANG L, et al., 2013. Timing of biogenic gas formation in the eastern Qaidam Basin, NW China[J]. Chem. Geol., 352: 70 - 80.

ZHANG Z, QIN Y, BAI J, et al., 2018. Hydrogeochemistry characteristics of produced waters from CBM wells in Southern Qinshui Basin and implications for CBM commingled development[J]. J. Nat. Gas. Sci. Eng., 56: 428 - 443.

ZHAO W Z, SU X B, XIA D P, et al., 2020. Contribution of microbial acclimation to lignite biomethanization[J]. Energy & Fuels, 34: 3223 - 3238.

ZHAO Z, ZHANG Y, QUAN X, et al., 2016. Evaluation on direct interspecies electron transfer in anaerobic sludge digestion of microbial electrolysis cell[J]. Bioresource technology, 200: 235 - 244.

ZHENG Y, XIAO Y, YANG Z H, et al., 2014. The bacterial communities of bioelectrochemical systems associated with the sulfate removal under different pHs[J]. Process Biochem., 49: 1345 - 1351.

ZHILINA T N, ZAVARZINA D G, KEVBRIN V V, et al., 2013. Methanocalculus natronophilus sp nov., a new alkaliphilic hydrogenotrophic methanogenic archaeon from a soda lake, and proposal of the new family Methanocalculaceae[J]. Microbiology, 82: 698-706.